和谐校园文化建设读本

# 化学故事

王淑芬/编写

吉林教育出版社

图书在版编目(CIP)数据

化学故事 / 王淑芬编写. — 长春：吉林教育出版
社，2013.1（2022.10重印）
（和谐校园文化建设读本）
ISBN 978 - 7 - 5383 - 7630 - 2

Ⅰ.①化… Ⅱ.①王… Ⅲ.①化学－青年读物②化学
－少年读物 Ⅳ.①06-49

中国版本图书馆 CIP 数据核字（2013）第 013845 号

**化学故事**
HUAXUE GUSHI                                              王淑芬　编写

| | | | |
|---|---|---|---|
| **策划编辑** | 刘　军　　潘宏竹 | | |
| **责任编辑** | 刘桂琴 | **装帧设计** | 王洪义 |
| **出版** | 吉林教育出版社（长春市同志街 1991 号　邮编 130021） | | |
| **发行** | 吉林教育出版社 | | |
| **印刷** | 北京一鑫印务有限责任公司 | | |
| **开本** | 710 毫米×1000 毫米　1/16　**印张** 10.5　**字数** 133 千字 | | |
| **版次** | 2013 年 1 月第 1 版　　**印次** 2022 年 10 月第 3 次印刷 | | |
| **书号** | ISBN 978 - 7 - 5383 - 7630 - 2 | | |
| **定价** | 39.80 元 | | |

# 编　委　会

主　　编：王世斌

执行主编：王保华

编委会成员：尹英俊　尹曾花　付晓霞
　　　　　　刘　军　刘桂琴　刘　静
　　　　　　张　瑜　庞　博　姜　磊
　　　　　　潘宏竹
　　　　　　（按姓氏笔画排序）

# 总　序

千秋基业，教育为本；源浚流畅，本固枝荣。

什么是校园文化？所谓"文化"是人类所创造的精神财富的总和，如文学、艺术、教育、科学等。而"校园文化"是人类所创造的一切精神财富在校园中的集中体现。"和谐校园文化建设"，贵在和谐，重在建设。

建设和谐的校园文化，就是要改变僵化死板的教学模式，要引导学生走出教室，走进自然，了解社会，感悟人生，逐步读懂人生、自然、社会这三本大书。

深化教育改革，加快教育发展，构建和谐校园文化，"路漫漫其修远兮"，奋斗正未有穷期。和谐校园文化建设的研究课题重大，意义重要，内涵丰富，是教育工作的一个永恒主题。和谐校园文化建设的实施方向正确，重点突出，是教育思想的根本转变和教育运行机制的全面更新。

我们出版的这套《和谐校园文化建设读本》，既有理论上的阐释，又有实践中的总结；既有学科领域的有益探索，又有教学管理方面的经验提炼；既有声情并茂的童年感悟；又有惟妙惟肖的机智幽默；既有古代哲人的至理名言，又有现代大师的谆谆教诲；既有自然科学各个领域的有趣知识；又有社会科学各个方面的启迪与感悟。笔触所及，涵盖了家庭教育、学校教育和社会教育的各个侧面以及教育教学工作的各个环节，全书立意深邃，观念新异，内容翔实，切合实际。

我们深信：广大中小学师生经过不平凡的奋斗历程，必将沐浴着时代的春风，吸吮着改革的甘露，认真地总结过去，正确地审视现在，科学地规划未来，以崭新的姿态向和谐校园文化建设的更高目标迈进。

让和谐校园文化之花灿然怒放！

本书编委会

# 目 录

# 1.火柴的发明

我们现在使用的火柴既安全又方便,但它的发明却是一个漫长的过程。远古时代,人们取火只能利用自然火。公元前5万年左右,人们在劳动过程中发现摩擦能够生火,于是发明钻木取火;看到打击石器时火星溅出,于是出现燧石取火。燧石是一种以二氧化硅为主要成分的岩石;铜器出现后出现了阳燧取火,阳燧是一种铜凹镜,能将日光反射聚成焦点,焦点温度很高,能使易燃物燃烧。

但不论是钻木取火,燧石取火还是阳燧取火,都需要保留火种。

17—18世纪,欧洲兴起科学实验,产生了近代化学,化学家们发现了一些化学物质,利用它们的化学反应取火,才使火柴逐渐出现。

1669年,德国汉堡城的布兰德通过蒸馏人尿首先发现白磷。这是一种特殊的白色固体,像是蜡,带有大蒜的臭味,在黑暗中不断发光,他称它为"冷火"。

这一发现引起当时德国几位有名学者的注意,正是他们把布兰德的发现记录下来,传播出去,留在科学文献中,成为磷的最早发现史。

白磷是白色半透明晶体,暴露在空气中会缓慢氧化,产生的能量以光的形式释放出来,因此在暗处的白磷会发光。当白磷在空气中氧化,表面积聚的能量使其温度达到40℃时,便达到白磷的着火点引起自燃。

18世纪末,在欧洲出现了利用白磷取火的磷烛、磷瓶等。所谓磷烛,是在细小的玻璃管中放置一小支蜡烛,烛底放置一小块白磷,将玻璃管密封后放置在温水中,使白磷熔化粘在烛底,使用时将玻璃管打碎,使粘着白磷的蜡烛燃烧。所谓磷瓶,是将白磷放置在一个小玻璃瓶中,点燃后迅速熄灭,使瓶内壁粘有一层氧化磷,然后塞上瓶塞,另用小木条粘有熔融的硫黄,放置在金属盒中。使用时将粘有硫黄的小木条伸入玻璃瓶中,蘸取部分氧化磷,在瓶塞上摩擦取火。磷瓶于1786年首先在意大利出现,之后很快传到法国巴黎和英国伦敦。

1805年,17岁的法国青年、后来成为化学家的尚塞尔发明了一种"瞬息着火盒"。这是一个小的金属盒,内装一小瓶紧塞着塞子的硫酸和一些小木条,木条头部涂有氯酸钾($KClO_3$)、蔗糖和树胶的混合物。使用时将小木条头部浸取硫酸,取出后即着火。这是由于氯酸钾与硫酸进行化学反应,产生的热量使易燃的碳燃烧,碳是蔗糖被硫酸脱水后生成的。这种取火装置也被称为化学火柴,在欧洲和美国流行了将近40年。

1827年,在英国首次出现了现代火柴形式的摩擦火柴。创造人是沃克,他是一位外科医生,在家乡英格兰蒂斯河畔斯托克顿行医并开设药房,他在配制药剂中发明了一种摩擦火柴。这种火柴是在小木条头上涂氯酸钾、三硫化二锑和树胶的混合物,使用时将木条头部在砂纸上摩擦取火。

后来,火柴在生产中不断地得到改进和创新,将火柴头涂氯酸钾、三硫化二锑和树胶的混合物,在火柴盒两侧涂红磷、玻璃粉和树胶的混合物,使用时将火柴头摩擦涂有红磷的火柴盒一侧取火。这就是我们今天使用的安全火柴。

# 2.镜子与水银

说起镜子,也有它的历史。在3 000多年前,我们的祖先就开始使用青铜镜子。历史上杰出的政治家唐太宗李世民有句名言:"人以铜为镜,可以正衣冠;以古为镜,可以见兴替;以人为镜,可以知得失。"这里所说的"以铜为镜"指的便是青铜镜。在描写花木兰替父从军的《木兰辞》里,有一句是:"当窗理云鬓,对镜帖花黄。"这镜也是指青铜镜。从青铜镜到玻璃镜,经历了一段漫长而又有趣的历史。

在 300 多年前,威尼斯是世界玻璃工业的中心。最初威尼斯人用水银制造玻璃镜,这种镜子是在玻璃上紧紧粘一层"锡汞齐"。威尼斯的镜子轰动了欧洲,成为一种非常时髦的东西。那时候有个法国的皇后结婚,威尼斯献给她一面玻璃镜子作为礼物。虽然这面镜子非常小,也不算精致,在当时却是一件很贵重的贺礼,价值 15 万法郎。

当时会制造玻璃镜的国家,只有威尼斯,而且制造方法也是保密的。按照他们的法律,不论是谁,如果把制造玻璃镜的秘密泄露出去,就处以死刑。政府还下了命令,把所有的镜子工厂,都搬到木兰诺孤岛上。孤岛处于严密的封锁中,不让人接近。然而,制造水银镜子毕竟太费事了,要整整花一个月工夫,才能做出一面。而且,水银又有毒,镜面又不太亮。后来德国化学家李比希发明了镀银的玻璃镜,并一直沿用至今。一提到镀银,也许你会以为玻璃镜上的这层银是靠电镀镀上去的。实际上根本用不着电,人们是利用一种特别有趣的化学反应——银镜反应镀上去的。银镜反应非常有趣:在洗净的试管里倒进一些硝酸银溶液,再加些氨水和氢氧化钠,最后倒进点葡萄糖溶液。这时候你会看到一种奇怪的现象:原来清澈透明的玻璃试管,忽然变得银光闪闪了。因此,这个反应称为银镜反应。原来葡萄糖是一种具有还原本领的物质,它能把硝酸银里的银离子还原变成金属银,沉淀在玻璃壁上。除了葡萄糖外,工厂里还常用甲醛、氯化亚铁等作为还原剂。为了使镜子耐用,通常在镀银之后,还在后面刷上一层红色的保护漆。这样银层就不易剥落了。原来,镜子背面发亮的东西不是水银,是银。

现在,商店里已有不少镜子是背面镀铝的。铝是银白色亮闪闪的金属,比贵重的银便宜得多。制造铝镜,是在真空中使铝蒸发,铝蒸气凝结在玻璃面上,成为一层薄薄的铝膜,光彩照人。这种铝镜物美价廉,很有前景,说不定在将来的某一天,我们每个人都会用铝镜来映照自己。

真是出乎我们的意料,小小的一面镜子,也有丰富复杂的历史,也在不断地发展变化着！化学真是一件非常奇妙的事情。

# 3.气体化学之父

约瑟夫·普利斯特里是 18 世纪英国著名的化学家。他自幼刻苦好学,兴趣广泛。曾自学过古文、数学、自然哲学等知识,这些知识使他形成了善于独立思考的性格。

有一次,普利斯特里偶然遇到了美国科学家富兰克林,富兰克林向他讲述了自然科学方面许多有趣的问题,一下子吸引了他。从此,普利斯特里开始对自然科学产生兴趣。他常常在空闲的时候,做着各种化学实验。特别是在英国舍尔伯恩伯爵的图书馆里工作期间,他阅读了不少自然科学方面的著作,这使他更加爱上了化学。

18 世纪 70 年代初的一天,普利斯特里在一个密闭的瓶子里放进一支点燃了的蜡烛,蜡烛很快就熄灭了。接着,他又往瓶里放进一束带着绿叶的薄荷枝。十天后,他重新再往瓶里放进一支点燃了的蜡烛,蜡烛竟能够燃烧。

于是,普利斯特里又做了另一个实验:在两个密闭的瓶子里都插进点燃了的蜡烛,待它们熄灭之后,在一个瓶里放进薄荷枝,而另一个瓶子里什么也不放。经过几天,当他再把点燃了的蜡烛放进去时,放了薄荷枝的瓶里的蜡烛能继续燃烧着,而在另一个没有放薄荷枝的瓶里,蜡烛刚一伸进去,立即熄灭了。

这究竟是怎么回事儿呢？普利斯特里对这个奇怪的现象很感兴趣。于是,他便开始钻研这个问题。

偶然的一次机会，他得到了一个大型凸透镜，便开始研究某些物质在凸透镜聚光产生的高温下放出的各种气体。他研究的物质中有"红色沉淀物"（氧化汞）和"汞灰"（亦称水银烧渣）。普利斯特里把氧化汞放置在玻璃钟罩内的水银面上，用一个直径30厘米、焦距为50厘米的凸透镜将阳光聚集在氧化汞上。很快他就发现氧化汞被分解了，放出一种气体，将玻璃罩内的水银排挤出来。他以排水集气法把这种气体收集起来，然后研究其性质，发现蜡烛会在这种空气中燃烧，火焰非常明亮。同时，普利斯特里还把一只小老鼠放到充满这种气体的瓶子里，小老鼠在瓶子里显得挺快活，挺自在！

　　"老鼠既然在这气体里能舒舒服服地生活，我自己也要亲自来试试看！"普利斯特里在论文中写道："我用玻璃管从一个大瓶里吸进这种气体到肺中，我竟觉得十分愉快。我的肺部在当时的感觉，好像和平常呼吸空气时没有什么区别，但是，我自从吸进这气体后，觉得经过好久，身心还是十分轻快舒畅。唉，又有谁知道，这种气体在将来会不会变成时髦的奢侈品呢？不过，现在世界上享受到这种气体的快乐的，只有一只老鼠和我自己！"

　　普利斯特里把自己新发现的这种气体命名为"失燃素的空气"——这也就是现在我们所称的"氧气"。

　　纵观普利斯特里的一生，他37岁起研究气体化学，直到终生。他曾分离并论述过大批气体，数目之多超过了与他同时代的任何人。可以说他是18世纪下半叶的一位业余化学大师，他还发明了带有酸味的"气水"。他的《用排水集气法收集"空气"》一书，非常畅销，深受读者欢迎，当年就被译成法文。普利斯特里因此名扬世界，并荣获英国皇家学会的铜质奖章。

　　普利斯特里对气体化学的研究成果，一是以其强烈的求知欲与非凡的勤奋态度为基础的，二是得益于他自己精湛的实验技能。为此，皇家学会曾授予他卡普里奖。他出版过巨著《关于种种空气的实验与观察》。此后,他的研究成果又汇集于《与自然科学各个部门有关的实验与观察》一书。

19世纪初,普利斯特里死于美国宾夕法尼亚州的诺赞巴兰镇,终年71岁。其实,是普利斯特里最早发现并制得了氧气,但由于受当时错误学说的影响,至死他也没有承认这种气体就存在于空气中。后来有化学家评价他说:"其实,普利斯特里才是氧气的真正父亲,但他到死也不承认氧气是自己的儿子。"

在制取出氧气之前,他就制得了氨、二氧化硫、二氧化氮等许多气体,所以他被人们称为"气体化学之父"。

# 4.奇特冰川常流"血"

在南极洲麦克默多干谷附近,有一处非常有名的冰川,它的特色是不定期流出红色的"血液"。这处冰川为何要流血?难道是为了控诉人类对环境所造成的伤害吗?不是。这是神奇大自然的独特展示。

说起这处"流血的冰川",还有一个传奇的故事。早在1911年,英国探险家斯科特就在南极发现了这处血冰川。那时,人类的活动对环境的污染还很小,远离人类居住环境的南极遭受的污染更小。因此,冰川"流血"跟环境污染没有什么关系。

1910年,原计划前往北极点的挪威探险家阿蒙森得知北极点已经被美国人征服,于是他改变计划,掉转船头驶向南极。当时,英国人斯科特正乘坐"特拉诺瓦"号驶往南极。阿蒙森的哥哥替他向斯科特发出了一句话的简短电文:"驶向南方",从而揭开了人类为征服地球最南端而竞争的序幕。

斯科特和他的两个助手在探索南极洲麦克默多干谷的过程中,发现了干谷附近这处流血的冰川。当时,斯科特的助手以为他们触犯了神灵,十分恐慌,情绪低落。就在那次探险中,斯科特和他的两个助手死于从南极极点返回的途中。当救援人员找到他们时,他们已死去多时,死因是饥饿,死时很安详。

　　救援人员在斯科特的帐篷中发现了探险的日记和拍摄的照片。日记中详细地记载了他们发现流血冰川时的情形,以及他们当时的心情。斯科特的日记在被英国的一些媒体披露后,流血冰川立即闻名于世。世界各地的人们都知道了南极有一处会流血的冰川,那是一处"有生命的冰川"。

　　斯科特之死给这处冰川笼上了神秘和恐怖的气氛,一些文学家据此撰写了不少探险故事和恐怖故事,流血冰川甚至出现在一些恐怖电影中。科学家当然不会相信神灵、妖魔一类的传说,而是希望寻找其中的真相。在没有冰川水样的情况下,一些研究人员根据探险家的日记和照片推测,这里的冰川融化的水流中长有一些红色的藻类,导致冰川上出现了"血瀑布"。

　　后来,一些探险家陆续到达了流血冰川。由于后期的装备越来越先进,食物供应也很充分,看见流血冰川的探险家并没有遭遇什么不测。流血冰川是不祥之兆的迷信说法不攻自破,那些恐怖的故事和传说就慢慢被人们淡忘了。探险家还发现,流血冰川并非常年流血,而是间歇性的,有时能够看到流动的红色液体,有时只能看到凝固的红色冰层。

　　近年来,科学家提取了这处冰川瀑布中的水样进行分析,结果没有在其中发现以前的研究人员所推测的藻类,倒是发现了铁元素和细菌。科学家推测,这些红色的液体来源于冰层下 400 米处的盐湖,盐湖中富含铁元素。在与空气隔绝的冰层下的冰湖中,铁元素以二价铁离子的形式存在,与硫离子、氯离子、碳酸根离子等负离子组合成铁盐。这些含二价铁离子的盐一旦喷出冰层,就被迅速氧化成氢氧化铁,进而又被氧化成三价铁离子,形成红褐色的三氧化二铁。这就是流血冰川"流血"的秘密。至于冰湖中的水为何能够穿越400米厚的冰层再喷射出来?这至今还是个谜。

更令人惊奇的是,被喷射出来的细菌是一种以前没有记录过的细菌新种。它们是一种嗜硫细菌,只生活于含铁的盐湖中,靠吞食硫化铁为生。研究人员称,自从湖中的冰川诞生,创造了这样寒冷、黑暗、无氧的生态环境时起,这种细菌菌落已与世隔绝了150多万年。它的发现说明生命能够忍受极端残酷的环境,这就说明太阳系中的其他行星及卫星中也可能有类似的生命存在,比如在月球、火星的冰层下也可能有类似的嗜硫细菌。

挖开棕色的地皮,往往还能发现土壤的棕色中夹杂着其他多种不同的颜色。美国加利福尼亚大学尔湾分校的生态学者斯蒂文·艾里森说:"如果土壤中没有那么多碳元素的话,土壤会呈现黄色、红色和灰色。土壤中的化学组成决定了它的色彩。"

# 5.乒乓球里的秘密

乒乓球的大小有明显的条件限制,国际乒乓球联合会(ITIF)规定:自2000年10月1日起,以直径40毫米的大球取代原来直径38毫米的乒乓球。

乒乓球的弹跳高度也有严格的规定,让球从30.5厘米的高度向一个铁块自由下落,其反弹的高度必须介于23.5厘米到25.5厘米之间。

乒乓球与球拍相接触时的速度达170千米/小时,其平均的飞行速度约120千米/小时。

乒乓球在扣杀的时候要承受 1 万牛顿的力,该力的大小相当于人举起 1000 千克的重物时所需的力。

乒乓球被击打时与球拍相接触的时候仅为两千分之一秒,然而在这一瞬间乒乓球会变形达 25%。

乒乓球决不能有"眩晕症",打击一个强力削球后,乒乓球会以自己的轴线旋转,每秒钟达 150 圈。

乒乓球含有棉的成分,棉籽的纤维被用为生产赛璐珞的原料。

火药和乒乓球还有很近的亲缘关系呢。硝基纤维素,即赛璐珞的初级状态,也是制造火药的基础原料。

直到 1891 年世界上才出现赛璐珞做的乒乓球,以前用的是带法兰绒敷层的橡胶球,但是它跳起来太不容易控制。也曾用过软木球,但它不够耐用,很难承受如此猛烈的打击。

詹姆斯·吉布被尊为现代乒乓球之父,这位英格兰人于 1891 年前后从一次美洲之行中带回一只赛璐珞玩具球,他试着用来打乒乓球,结果很成功。于是他建议邻居——体育用品生产商约翰·雅克斯用赛璐珞制造乒乓球。

在当时的欧洲地区,好的乒乓球,每只约值两马克,有很高的寿命指数。有时一只乒乓球打许多场比赛,有的甚至打满一次大赛。

用热水烫乒乓球对职业运动员来说是很傻的,一些业余爱好者常用这种方法。为了将有些变形的乒乓球恢复原样,他们会把它放到开水里烫一会儿,之后球上几乎看不出还有什么不妥当的地方,但是这在高水平的比赛上是绝对不可能的。

# 6.牛尝出来的元素

1808 年,英国化学家戴维在瑞典化学家贝里尼乌斯的启发下,用电解法对一些物质进行分解,获得了钙、镁、钡、锶四种金属。其中镁是用苦土分解获得的,殊不知,这种元素还是牛发现的呢!

1618 年,英国伦敦附近有个村庄叫艾普松。这里的农民以牧牛为主,其中有个农民想用当地的泉水供他饲养的牛饮用,于是便开了一条小沟引水。但是,奇怪的是,没有一条牛愿意光顾他的小沟。他感到很奇怪,自己一尝才知道,原来那泉水是苦的。

这件事情被一名叫格纽的医生知道后,他意外地发现这种苦水既具有医疗外伤的作用,而且内服也有药效。于是,他从这种苦水中提取了一种固定物质,并称它为苦盐或艾普松盐。1695 年,他发表论文,指出这种珍奇的物质。后来,另外一些人从海水和其他矿泉水中找到它,并且发现它在草木灰溶液作用下,受热形成松软的白色物质,人们把它叫作苦土。从此苦土便广为人知了。

苦盐、苦土究竟是什么物质呢?其实,苦盐就是含镁的硫酸盐,苦土就是含镁的氧化物。苦盐的发现,离不开牛的贡献。镁是牛尝出来的元素,这种说法也许不过分吧。

# 7.会变色的名画

博物馆的陈列室里挂着很多幅名贵的油画。其中几幅雪景画得非常出色,白茫茫的大雪覆盖着大地,衬托出大自然中的万物更加生机勃勃。但是过了许多年之后,人们发现油画上的白雪慢慢变成灰色了,大自然也变得死气沉沉了。

用什么方法来挽救这些名贵的油画呢?聪明的化学家拿来一瓶双氧水,他用棉花蘸上双氧水,轻轻在油画上擦拭,最后获得了起死回生的效果,油画上又出现了茫茫的白雪。

这是因为油画是用铅盐做成的油彩画上去的,日子长了与空气中的硫化氢化合,生成了灰黑色的硫化铅。双氧水把灰黑色的硫化铅氧化,变成了白色的硫化铅,所以画上的白雪又回来了。

聪明的化学家了解到油画变灰的原因,便找到了使硫化铅变白的方法,这个问题也就迎刃而解了。

无独有偶,意大利文艺复兴时期的艺术大师米开朗琪罗在为梵蒂冈西斯廷教堂绘制壁画时,有意无意地在染料里加了一些二氯化钴,竟使所绘成的壁画成了稀世珍品。

这幅画的珍奇之处,不仅在于它有无穷的艺术魅力,还在于它具有预测天气的本领。如果壁画的颜色发暗,说明不久将有一场大雨;如果壁画的颜色鲜艳,即使是当时乌云满天,出门的人们也不用担心,因为一会儿就会烈日当头。

前来观赏壁画的人络绎不绝,无不被这奇妙的现象迷住。最终化学家们揭开了其中的奥秘,原来是染料里的二氯化钴显的神通。

二氯化钴和硫酸铜一样,也能形成结晶水合物,只不过无水的二氯化钴是浅蓝色的,而有水的二氯化钴是红色的。当雨来临的时候空气的湿度比较大时,二氯化钴以六水化合物的形式存在,使其颜色变深发暗;当天气晴朗时,空气干燥,氯化钴以无水物的形式存在,使颜料变浅,显得更加鲜艳。

可能受这位大艺术家的启发,后来又有一位画家用二氯化钴溶液和另外一种颜色的染料混合画了一幅风景画。他先在一张纸上涂上一层二氯化钴溶液,然后再用所选颜色的染料作画,结果,所画的水彩画能随空气湿度的变化而呈现出不同季节的色调。当空气潮湿时,风景画则呈现春天、夏天特有的绿色。当空气湿度比较大时,风景画呈现秋天所特有的橙黄色。

# 8.从硝酸银到摄影术的发明

如果不小心把硝酸银($AgNO_3$)弄到脸上,第二天你会发现溅到硝酸银溶液的地方出现了点状、黑里带棕的色斑,但这色斑不会在脸上久驻,短则四五天,长则半个月就会渐渐褪去。

这是由硝酸银的性质——感光性造成的。硝酸银溶液暴露在阳光下,强烈的光照会使它分解,由此产生极细的银粒沉积在皮肤的表层。硝酸银溶液是无色的,慢慢沉积下来的微细银粒是黑色的,因为它没有再去深入刺激人的神经,所以人就觉察不到疼痛。正是由于硝酸银具有这一性质,它才必须保存在棕色或黑色的瓶子里;也正因为硝酸银的这种性质,才导致了近代摄影术的发明。

原来,硝酸银放置后变黑的这种现象早被一些细心的科学家发现了。只不过当时人们都认为这是热和空气对它产生的作用,谁也没想到是光照的因素所致。

1727年,德国人舒尔策把硝酸银和白垩粉(性质稳定的碳酸钙)混合制成了白色乳液,盛在瓶子里放到窗台上用阳光照射。他发现,尽管瓶子里的乳液都被晒热了,可只有向阳的一面变色,背光的一面却不变,由此他认识到使硝酸银变色的是光而不是热。

1800年,英国人韦奇伍德又把树叶压在涂有硝酸银溶液的皮革上放在阳光下曝晒,他发现树叶四周的皮革慢慢变黑了,可树叶的颜色却一点没变!这样就在皮革上留下了黑底白叶的"阳光图片"。他很想把这图片保留下来,但没有办到——在拿掉树叶之后,那白色的叶影也逐渐变成黑色,与周围一般无二了。

这以后,曾有许多人对硝酸银以及其他银盐进行了光敏性研究,其中特别应提到的是瑞典大化学家舍勒,他发现了氯气、氧气及许多种元素和物质,还发现了卤化银比硝酸银更容易在光照下分解变黑的性质,这就为摄影术的诞生提供了物质基础。

1883年,德国的风景画家达盖尔巧妙地把卤化银见光分解的性质与他所熟知的绘画暗箱结合起来,从而把传统的、利用小孔成像原理加手工摹画的"绘画镜箱"改制成了世界最早的用银盐作感光材料的"达盖尔相机",开创了近代摄影术的先河。

今天,彩色摄影和扩印技术都早已大众化了。在彩色摄影中,银盐仍起着重要作用,如何用别的化学物质代替这种价格昂贵的银盐已成为要将摄影术推向更先进的光化学专家们的攻关课题。

# 9.银制品为什么会变黑

银制品为什么会变黑,并失去光泽呢?你知道是怎么一回事吗?

1902年2月,拉丁美洲马堤尼克岛发生了一件怪事:几天之内,岛上所有的达官贵人家的银元、银器和银制品全部因失去了光泽而变黑,这突如其来的变化使得这些人惶惶不可终日,他们只能面对这些变黑的财宝干着急,却没有一点办法。

后来化学家们发现了这个秘密,原来在那以前,岛上的火山爆发了,岩浆横溢,释放出大量的火山气,火山气里含有大量的硫化氢气体。硫化氢气体与空气中的氧气和银反应生成了黑色的硫化银从而使银器变黑。在日常生活中,虽然没有火山气,但空气中总是有微量的硫化氢气体,因此银器放置的时间久了就会变黑。

那么,我们如何利用简单的方法去掉银器上的黑色硫化银呢?最简单的方法是用纱布擦掉,但这样做会损伤贵重的银器。

下面就告诉大家一个好方法。

大家可以找些碱面、碎铝片,再在圆的搪瓷铁盆或铁锅里加入适量的水,准备完毕后,把碱面倒入盛有水的盆里溶解成碱水,将银制物品放入其中,再将碎铝片也放进其中,然后将盆放在火炉上加热。这样,变黑的银制品会重新变成银白色。

原来,我们知道有的金属能置换酸里的氢,其实像铝这样的金属还能与盐溶液直接反应放出氢气。铝与碳酸钠反应生成偏铝酸钠、二氧化碳和氢气,氢气又有很强的还原性,它与硫化银反应又生成硫化氢,并还原出银单质。这样,银器就焕然一新了。

# 10. 古罗马帝国灭亡之谜

古罗马帝国曾经称霸一时,然而,鼎盛期仅100多年的古罗马很快就走向灭亡了。

这是为什么呢?科学家认为罗马帝国是铅污染的牺牲品,因为在古罗马人的残骸中含有大量的铅。科学家们的说法不无道理,因为古罗马贵族惯用铅制器皿(瓶、杯、壶等)和含铅化合物的化妆品,从而导致慢性中毒死亡。古罗马帝国的平民虽说不能享用高级的铅器皿,又不使用化妆品,但古罗马人曾经拥有古代人类最先进的供水和排水系统,而当时用于输送饮水的管道也是用铅做的。古罗马人的饮水中的二氧化碳与铅发生反应生成可溶于水的酸式碳酸铅,其中的铅离子进入人体后被吸收,同样会对人体造成毒害。铅在溶有二氧化碳的水中所发生的化学反应方程式如下:

$$Pb + 2H_2O + 2CO_2 = Pb(HCO_3)_2 + H_2\uparrow$$

可惜古罗马人不知道上述的道理,不然也不会稀里糊涂地因为滥用铅制品而导致一个盛极一时的大帝国迅速走向灭亡。

同样是这个古罗马帝国,曾驱使大量奴隶开采汞矿,众多的奴隶得了汞中毒症。由此,人们也把这种病称为"奴隶病"。其实,皇家贵族也有得了这种"奴隶病"的。俄国有个叫伊万雷帝的暴君,在一次发怒时竟杀死了自己的亲生儿子,这一反常行为令人大惑不解。在他死后,医生们进行了尸体解剖,发现其骨关节里汞含量很高。原来伊万雷帝因关节痛,长期外敷一种汞软膏,汞中毒一般会使人多疑产生幻觉,导致莫名其妙地发怒。

据史料记载,早在3 000年前,我国炼丹家就与汞打交道了。古书上常有这样的句子:"颜如丹,面冠玉,唇涂朱",用以形容女子的美貌。其中"丹"是指丹砂,"朱"即银朱,两者实际为一物,即硫化汞。古希腊女子的爱美之心,比东方女郎有过之而无不及。她们以白铅粉抹脸,用朱砂涂双颊和双唇。就这样,在人类追求美的脚步中,化妆品中的汞化物在为女子增添魅力的同时,也在损害她们的肌体。

《水浒传》第一百二十回对梁山好汉卢俊义的死是这样交代的:高俅借皇上赐御膳之际,"把水银暗地放在里面",卢俊义食后中毒而死。

著名科学家牛顿,曾有一段时间出现精神异常。过去人们一直认为,是牛顿在该段时间母亲亡故及一场大火烧毁了重要的论文手稿引起的。后来,英国两位牛顿研究家从牛顿后代保存下来的牛顿的4根头发内查出了高浓度的水银,从而认为,牛顿患精神病异常症系因水银蒸气中毒所致。原来,牛顿在世时,对炼金术深感兴趣,曾多次使用水银、铅等重金属进行炼金实验,而且喜欢品尝(他的实验笔记中,就曾留有"无味""甘甜"等品味记录),以至不知不觉中被汞蒸气所污染。

某些汞化合物毒性更大。在日本出现的令人谈鱼色变的"水俣病",就是因为甲基汞这个"妖魔"在作祟。原来,日本水俣市的新日本氮肥公司的含汞污水被大量排入海湾,然后汞被水中微生物转化为甲基汞而进入浮游生物体内,在经过"浮游生物——小鱼——大鱼"食物链的富集,使大鱼中有机汞浓度达到海水汞浓度的几万倍!人吃了这种鱼,便发生甲基汞中毒,也称"水俣病"。

所幸的是,在当代社会,化学和其他科学已经高度发展,人们对于重金属性质的认识已越来越深入。人们必将能更好地趋利避害,从而不断提高生产和生活水平。

# 11."1+1=2"

我们在炒菜的时候,会向锅里加一点盐,如果觉得不够咸,我们会再加一点盐。这件事情也可以用另一种说法来表述:第一次加了2克盐,因为感觉不够咸,又加了1克盐,总共向锅里加了3克盐。

很显然,第二种从物质的量的角度来描述的方法显得更为准确。化学家一开始在研究物质变化时也注意到了物质的量的变化,但只有法国著名化学家拉瓦锡把物质的量的变化作为一种科学研究方法提高到了前所未有的高度。

拉瓦锡本人就十分擅长从物质的量的变化来研究化学问题。例如,很早的时候,就有人注意到把水完全蒸干后会剩下一些固体物,他们认为这是水变成了土的缘故。拉瓦锡不太相信这件事,便开始了研究。

1768年,他用反复蒸馏过8次的纯净水在封口玻璃容器内称重后加热,让水整整煮沸了100天。水的蒸气经冷凝变成液态水再流回容器,这样就使得整个加热过程中的水不会有一点损失。

100天过后,虽然瓶底有少量沉淀出现,但水的质量并没有改变。倒是玻璃容器的质量有所减少,而减少的质量正好等于沉淀物的质量。

据此拉瓦锡断定,并不是水本身变成了固体物质,而是由于水在长时间加热的过程中溶解了容器的一部分,并以固体的形式出现。由此实验说明了水并不能变成土。

比拉瓦锡早一年出生的瑞典化学家舍勒也做过这个实验,但是他没有注意到量的变化,只是专一地研究了沉淀是什么物质。相反,拉瓦锡却只是专一地探究了量的方面,并没有着重分析残存的固体物质是什么。

正是因为拉瓦锡对化学反应中物质的量的变化给予了特别的关注,才使得他发现了质量守恒定律。

1774年,拉瓦锡认真测量了氧化汞的分解和合成反应中各物质质量之间的变化关系。他将233克质量的氧化汞加热分解,恰好得到了201克质量的汞和32克质量的氧气。如果将201克质量的汞和32克质量的氧气化合,则又恰好得到了233克质量的氧化汞。

后来,通过反复的实验,拉瓦锡得到了这样一个结论:参加反应的全部物质的质量,等于全部反应产物的质量。这就是今天我们所熟知的,作为化学科学基石的质量守恒定律。

实际上,拉瓦锡并不是明确提出质量守恒定律的第一人。后来的科学史研究发现,俄罗斯科学家罗蒙诺索夫也用类似的实验证明化学反应前后物质的质量相等,而且他的发现比拉瓦锡要早18年。十分可惜的是,他的名字和事迹直到1904年才为人们所知。

# 12.莫瓦桑不畏艰险制得氟气

　　亨利·莫瓦桑出生于19世纪中期的法国巴黎。他家境贫寒,自幼过着贫穷的生活。莫瓦桑儿时最大的愿望就是上学,像其他孩子一样能背上书包走进学校,在课堂上认认真真地向老师学习。但是他太穷了,交不起学费,只能站在教室外面偷偷听课。他最受不了那些课堂上的学生对他的私下议论,那指指点点的神态,那小声的窃窃私语,都使他感到胸口好似压上了一块石头。为了学习他不得不忍下这一口气,等老师进了教室,关上门之后,他才慢慢地溜到教室外面,快下课时他又提前离去。就这样,他学到了不少知识。

　　上中学的时候,莫瓦桑遇到了一个很好的老师,这个老师叫查理·詹姆斯,是教数学的。他教学非常认真,总希望在他的学生中发现一个对数学有兴趣的学生。

　　一天,数学课后,学生们都争先恐后地跑到教室外面去玩了,莫瓦桑却静静地坐在那里似乎在思考什么问题。

　　"亨利,你在想什么问题吗?"

　　"啊!老师,你看,这些题有点难,我不太会解。"莫瓦桑打开练习本,把题目展示在老师面前。

　　老师拿起练习本,看了看,他发现莫瓦桑做题所用的定理竟是课堂上还没有学习过的。"这是一个很好的孩子。"詹姆斯老师心里为之一振,"我这里还有一些很有趣的习题,你愿意做吗?不过可有点难啊!"老师抚摩着小莫瓦桑的头。

　　"当然想啦,很有趣吗?我不怕难题。"

　　"那你就到我家里来吧。"

这样，在课余的时间里，莫瓦桑就向詹姆斯老师学习数学。但是詹姆斯老师很快就发现，莫瓦桑最感兴趣的是化学和物理。詹姆斯老师的心里有点不快，不过他还是很喜欢这个上进的孩子，觉得应该尊重孩子的兴趣和爱好，因此还不时为莫瓦桑找来有关化学方面的参考书，满足他的需要。

但因为家境贫寒，莫瓦桑无法继续在学校安心地上学了，他必须尽快地找一个工作，减轻父母的负担。就这样，莫瓦桑中学都没有毕业就走进了社会。

当时，在巴黎的一个交叉路口，有一家十分著名的老药店，名叫班特利药店。一天，店铺里十分宁静，只有研杵和研钵发出的轻微均匀的响声，那是几个学徒在研磨药物，带着老花镜的老药剂师，在翻看一本很厚的书，寻找药物的化学配方。

当时的巴黎，医药化学十分发达，化学家和医生都坚信，化学方法是治病救命、战胜死神的法宝。但是由于科学发展水平的限制，当时的化学药品，只对少数极简单的疾病有效。

在药店的学徒中，有一位机智聪明的青年，他就是莫瓦桑，正当他细心研磨药品时，突然，药店的门被撞开了，一个中年男子跌跌撞撞地冲了进来，他脸色焦黄，汗流满面，额头青筋暴起，呼吸困难，眼神十分吓人，"救——救命啊——"他上气不接下气地低声说。药店的人都放下手里的工作，围在他身边。"您怎么啦？"老药剂师问。"我——中了砒霜毒，我把它当药吃了，现在——药性已发作了——我——肚子痛得厉害。"老药剂师慢慢地摘下眼镜，摇摇头，低声说："已经没有办法了，在这个时候最好的医生也无能为力了。您还有什么话要嘱咐的吗？请快说吧，我们一定把您的遗嘱告诉您的家人。"气氛十分紧张，大家都默不作声。

"请等一下！让我来看一看，也许还有救。"一个 18 岁左右的年轻人从人群中挤出来。他是才到药房来做学徒的，人们都把目光集中到学徒身上。他，一个年轻人有这么大本事吗？只见这个学徒转身走进药房，站在药橱前，先取下了一瓶吐酒石，这是能够引起呕吐的药品。然后他又取下几瓶药，量好了药量，配制成解药，亲自把药喂到中毒者的口中。服药后，中毒者的症状逐渐减轻，一个眼看就要死亡的人得救了。

事后，巴黎的一家小报以《"起死回生"的药店学徒》为题，报道了这件事，许多巴黎人都知道了莫瓦桑的名字。

莫瓦桑在弗罗密实验室当实习生时，有一次，他的同学阿尔曼拿着一瓶药品对他说："这就是氟化钾，世界上还没有一个人能制出单质氟来！"

"难道我们的老师弗罗密教授也制不出来吗？"莫瓦桑问。

"制不出来。"阿尔曼十分感慨地说，"以前所有人制取单质氟的实验都失败了，大化学家戴维就曾想制取，不但没有成功，而且还中了毒。爱尔兰科学院的诺克斯兄弟，在制取单质氟时，哥哥中毒死了，弟弟进了医院。此外，还有比利时的鲁那特、法国的危克雷，都在做这类实验时被毒死了。著名的盖·吕萨克也差点送了命。你要知道，亲爱的莫瓦桑，氟是死亡元素，千万别去碰它。"

"我不怕。阿尔曼，我将来一定要制出单质氟来！"莫瓦桑坚定地回答。

"那你可要倍加小心！"阿尔曼又关照了一句。

这次实验室的谈话以后，莫瓦桑便增加了一件心事，单质氟总萦绕在他的脑海中。"单质氟，单质氟，死亡元素，死亡元素……"他有时在梦中也嘟囔着。怎么样才能把这种"死亡元素"的秘密揭开呢？莫瓦桑一直在思考这个问题。

19世纪80年代中期，莫瓦桑开始制备氟。他知道这个课题难倒了许多化学家，可是他不但没有气馁，反而下定决心要攻克这个难关。

莫瓦桑先花了好几个星期的时间查阅科学文献，研究了几乎全部有关氟的著作。他认为已知的方法都不能把氟单独分离出来,只有戴维设想的方法还没有试验过。戴维曾预言:磷和氟的亲和力极强,如果能制得氟化磷,再使氟化磷和氧作用,则可能生成氧化磷和氟。于是莫瓦桑用氟化铅与磷化铜反应,得到了气体的三氟化磷。他把三氟化磷和氧的混合物通过电火花的作用,虽然也发生了爆炸反应,但得到的并非单质的氟,而是氟氧化磷。

莫瓦桑又进行了一连串的实验,都没有达到目的。经过长时间的探索,他终于得出了这样的结论:他的实验都是在高温下进行的,这正是实验失败的症结所在。他想起他的老师弗雷米说过的话:电解可能是唯一可行的方法。他想,如果用某种液体的氟化物,例如用氟化砷来进行电解,那会怎样呢?这种想法显然是大有希望的。莫瓦桑制备了剧毒的氟化砷,但随即遇到了新的困难——氟化砷不导电。在这种情况下,他只好往氟化砷里加入少量的氟化钾。这种混合物的导电性很好。可是在电解几分钟后,电流又停止了,原来阴极表面覆盖了一层电解出的砷。

这时莫瓦桑觉得自己全身软弱无力,心脏剧烈地跳动,呼吸急促而困难。"难道我也会像历史上的化学家一样,因氟中毒死掉吗?绝对不能!氟还没有制出来,要赶快离开实验室!"莫瓦桑想。但是,他哪里还走得动!不过神智还清醒,他艰难地抬起右手,关掉了电门,随后就倒在沙发椅上……一个小时,又一个小时,当他醒来的时候,看见妻子站在他的身旁,她在低声哭泣,脸上挂满泪珠。

"亲爱的,我对你说过,千万别到实验室来,这里全是毒品,连空气都一样,会影响你的健康……"莫瓦桑艰难地对妻子说着。

"亲爱的莫瓦桑,如果我不来打开通风窗,不知你还能否醒来……你照照镜子吧,你现在又黄又瘦,还有些发青,我打电话叫医生来,他会让你休息一个月。"妻子更不高兴了。

"我现在一天也不能休息,制取氟的工作就要成功了!"

这样的现象出现了不止一次，他曾因中毒而中断了 4 次实验。莫瓦桑的爱妻莱昂妮看到他漫无节制地给自己增加工作，而且又经常冒着中毒的危险，对他的健康状况极为担心。

休息了一段时间后，莫瓦桑的健康状况有了好转，他继续进行实验。剩下的唯一的方案是电解氟化氢。他按照弗雷米的办法，在铂制的容器中蒸馏氢氟酸钾，得到了无水氟化氢液体。他用铂制的 U 型管做容器，用强耐腐蚀的铂铱合金作电极，并用氯仿作冷却剂将无水氟化氢冷却到 -23℃进行电解。在阴极上很快就出现了氢气泡，但阳极上却没有分解出气体。电解持续近一小时，分解出来的都是氢气，连一点氟的影子也没有。莫瓦桑一边拆卸仪器，一边苦恼地思索着，也许氟根本就不能以游离状态存在。当他拔掉 U 型管阳极一端的塞子时，惊奇地发现塞子上覆盖着一层白色粉末状的物质。原来塞子被腐蚀了！氟到底还是分解出来了，不过和玻璃发生了反应，这一发现使莫瓦桑受到了极大的鼓舞。他想，如果把装置上的玻璃零件都换成不能与氟发生反应的材料，那就可以制得单体的氟了。萤石不与氟起作用，用它来试试吧。于是他用萤石制成试验用的器皿，把盛有液体氟化氢的 U 型铂管浸入制冷剂中，用萤石制的螺旋帽盖紧管口，再进行电解。

多少年来化学家梦寐以求的理想终于实现了！1886 年，莫瓦桑第一次制得了单质的氟气！这种气体遇到硅立即着火，遇到水即生成氧气和臭氧，与氯化钾反应置换出氯气。通过几次化学反应，莫瓦桑发现氟气确实具有惊人的活泼性。

他进一步制备出许多新的氟化物，如氟代甲烷、氟代乙烷、异丁基氟等。其中四氟化碳的沸点是 -15℃，很适合做致冷剂，这是最早的氟利昂。此外还发明了"莫瓦桑电炉"，并用它制备了很多新化合物。莫瓦桑因首次制得单质氟等一系列发明获得 1906 年诺贝尔化学奖。

20 世纪初的一年，莫瓦桑得了阑尾炎，手术虽然很成功，但他的心脏病却加剧了。他终于认识到多年以来一直没有关心自己的身体健康。莫瓦桑不得不承认："氟夺走了我十年的生命。"1907年,这位在化学实验科学上闪烁着光芒的科学家被疾病夺走了宝贵的生命。

在化学元素发现史上,持续时间之长,参加的化学家人数之多,危险之大,莫过于元素氟的制取了。氟这种非常活泼的元素,为了制取它,许多化学家献出了宝贵的生命,可以称得上化学发展史中一段悲壮的历程。而莫瓦桑以超人的胆略,严谨的研究,攻克了这一难题。人们将永记莫瓦桑的名字。

多次失败的打击并没有击垮莫瓦桑的意志,尽管实验室条件很差,尽管他曾几次中毒,但是莫瓦桑毫不气馁,终于研制出单质氟。莫瓦桑是科学家中的英雄。

# 13.石灰坛子里的鸡蛋不易变坏

小明双休日回乡下外婆家,外婆煮鸡蛋给他吃。

他发现外婆将鸡蛋放在一个坛子里,觉得很奇怪:鸡蛋为什么不放在电冰箱里呢? 小明打开坛子盖儿仔细一瞧,只见里面装着小半坛生石灰,鸡蛋就放在石灰上面。小明问外婆从哪里学来这种鸡蛋储藏法,有什么科学道理,外婆说这种方法是老一辈人一代一代传下来的,在农村都是这么做的,大家都知道鸡蛋和生石灰放在一起不会坏。至于有什么根据,谁也说不上来。

小明带着这个问题去问舅舅。舅舅让小明用放大镜观察鸡蛋,小明看到蛋壳并不像肉眼所见的那么光滑,而是密布着许多微小的细孔。舅舅告诉他,这是鸡蛋的呼吸孔。小明还发现蛋壳表面覆盖着一层膜,正是这层膜能阻止外界微生物入侵到鸡蛋里。但这层膜易溶于水,遇到潮湿的空气,薄膜就会被破坏,鸡蛋失去这一层保护"盔甲",就容易变质。生石灰(氧化钙)有强烈的吸潮灭菌作用,所以生石灰坛里特别干燥,而且没有细菌。鸡蛋在这个清洁干燥的安全环境里,自然能保存较长时间不坏。

看来外婆的生石灰坛子的储藏效果,并不比冰箱差。

# 14.醉人的氮气

某天小军的爸爸与朋友到酒吧去消遣,回家时呕吐不止,小军向爸爸忠告说:"过量饮用酒精会对身体造成不良影响,还是少饮为妙!"但爸爸却说:"我没有喝醉,只是吸入了氮气罢了!"

为什么氮气会令人醉倒呢?

空气是由许多气体所组成的,主要有氮气和氧气,它们分别占空气的 78% 和 21%。当我们在正常大气压力下进行呼吸时,身体会吸入氧气,排出二氧化碳,而由于氮气是生理上的惰性气体,所以不会被身体所吸收。

在浅水的地方,氮气对人体是没有直接影响的,但当潜水员下潜到水深 30-100 米时,因高压使大量氮气溶解于血液当中,便对潜水员造成类似麻醉的效果,称为氮醉。

在接近 7 倍的大气压下,空气中的氮气进入血液后,人体便产生一种欢快与狂喜的精神状态。氮醉对每个人来说影响也不同,并随着水深而增加。受氮醉的影响,并可能产生错觉并感到焦虑,导致恐慌以及做出错误的决定。虽然氮醉对潜水员有明显的影响,但幸好当潜水员升到较浅的水位时,氮醉会逐渐消失,而且不会留下任何后遗症。只要避免深潜,便可预防氮醉的发生。

其实氮气对于潜水员,还有另一种潜在的危险。当潜水员由深海回升到水面时,周围的压力降低,身体早前吸入的氮气便会排出体外,但当排出的速度太快时,氮气可能会在潜水员的血管和组织中形成气泡,而这些气泡对人体有着非常严重的影响,会引致休克麻痹,关节、四肢疼痛。这称为减压病。当然,只要潜水员缓慢地浮出水面,便可避免减压病了。

显然小军的爸爸今晚并没有潜水,那很明显他在撒谎,看来今晚他是真喝醉了。

# 15.漫话豆腐

我们的餐桌上离不开豆腐,比如:豆腐干、豆腐泡、油豆腐、砂锅豆腐、麻婆豆腐等等。

是的,豆腐的花样太多了,单是豆腐做成的美味摆个盛大的宴席也摆不完。那么豆腐的具体制作过程是什么呢?

豆腐是这样制成的:把黄豆浸泡在水中,泡涨变软后,将它磨成豆浆,再滤去豆渣,煮沸。这时候黄豆粒的蛋白质被粉碎成了分子溶于水中,表面覆盖了一层水膜,这层水膜还吸附着同种电荷,使蛋白质之间相互排斥聚不到一起,形成了"胶体"溶液,这就是豆浆。

要使豆浆变成豆腐,那就必须用盐卤或石膏来点卤,盐卤的主要成分是氯化镁,石膏的主要成分是硫酸钙,它们在水溶液中离解成很多带电的离子,这些离子与水结合的能力很强,破坏了蛋白质表面的水膜。同时可以综合蛋白质颗粒所带电荷,减弱蛋白质分子之间的斥力。这样,分散的蛋白质很快聚集到一起,形成了白花花的豆腐脑,再挤出水分,豆腐脑就变成了大豆腐,再将大豆腐压紧挤出一些水分,就变成了豆腐干。

豆腐含有丰富的蛋白质和矿物质,而且与豆类相比,更易于被人体吸收,经常食用,有益人的身体健康。

说起豆腐,大家一定会想到闻着臭、吃着香的"臭豆腐",那么它是如何制作的呢?

首先,将大豆加工成含水量较少的豆腐,然后加入霉菌发酵,臭豆腐都是在夏天生产的,此时发酵的温度高,豆腐中的蛋白质分解得比较彻底,蛋白质分解后的含硫氨基酸进一步分解,产生了少量的硫化氢气体,硫化氢有刺鼻的臭味,因而臭豆腐闻起来就有刺鼻的臭味了。但臭豆腐中还有大量的氨基酸,许多氨基酸具有鲜美的味道,因此臭豆腐吃起来鲜美可口。

# 16.神秘的天坑

2010 年 5 月 11 日,加拿大蒙特利尔出现一处地缝,一家四口连同整个房屋被裂缝吞噬。同年 6 月 1 日,受到连场暴雨影响,危地马拉首都危地马拉城出现一处地面塌陷,形成一个深 60 米、直径 30 米的地洞。地面塌陷往往会导致一个大坑,人们称这些大坑为"天坑"。其实,以上出现的大部分坑都是地陷洞,而非真正地质学意义上的天坑。

天坑是对喀斯特地貌中出现的深坑的一种专属名称。天坑一般出现在碳酸盐岩层中,从地下通向地面,四周岩壁峭立。天坑要比地陷洞深得多,大多为几百米,而地陷洞的深度一般只有几米,最深的也不过几十米。直至 2010 年,地球上已经被确认的天坑达 78 个,其中三分之二分布在中国。在我国,比较著名的天坑有广西乐业县大石围天坑和重庆小寨天坑。

大石围天坑深度为613米,坑口东西走向长为600米,南北走向宽为420米,容积约0.8亿立方米。其坑底原始森林的面积约达十万平方米,位居世界第一位,垂直高度和容积仅次于重庆市的小寨天坑,位居世界第二位。

天坑奇观不是现在才发现的,科学家很早就对天坑现象进行过研究,只是随着小寨天坑和大石围天坑的发现,它才引起人们的广泛关注。天坑其实一开始并不是一个坑,而是由天然溶洞演化而来的,是一个漫长的化学溶解过程。在数百万年的漫长历史中,地下的水流会不断冲击看似坚硬的岩石,岩石中的岩盐、石膏、石灰、碳酸盐等可溶性化学物质,都能被悄悄地溶解,令岩石产生溶蚀现象。这种现象也称为"岩溶",国外专家一般称"喀斯特"现象。岩溶可以形成很多奇特的地质景观,如果岩溶发生在地面上,则形成洼地、峡谷、石林等奇观。如果岩溶发生在地下河里,则会产生溶洞,由于环境阴冷潮湿,加速溶蚀后的溶洞地质结构疏松,洞壁经常剥落。若是顶端不断剥落,数万年之后,就可能大面积地塌陷,让溶洞能见天日。从见了天日的溶洞顶端边缘看去,就像一个天然的深坑,所以老百姓一般把这些塌陷的溶洞叫"天坑"。

天坑看上去也像一个漏斗,所以科学家也把天坑叫岩溶漏斗,或叫喀斯特漏斗。当然,并不是所有的溶洞都能形成天坑。天坑主要出现在南方,这是由南方湿润的气候决定的。天坑的形成,与当地的气候、岩石特性、地质构造和水文条件有着密切的关系。我国南方地区气候湿热,雨量充沛。像乐业地区有大片石灰岩,年平均降水量近1 400毫米。雨水降落在石灰岩地面上,沿着岩石的裂隙渗入地下,一路溶蚀四壁,逐渐扩大,在地下形成了大型的溶洞。溶洞的洞顶在重力的作用下,不断往下崩塌,直到最后洞顶完全塌陷,最终形成了我们今天看到的天坑。

天坑显然是一种重要的旅游资源,大家都想去看看这样的自然奇观。但是,科学家为什么也对天坑感兴趣呢?研究天坑究竟有什么科学意义呢? 首先,天坑是一种重要的地质化学现象,研究天坑可以更好地了解地质演变的化学原理。其次,天坑在古生物学研究上有重要的意义。由于天坑是深陷在地下的一个坑,而且大多岩壁陡峭,难以行走,所以外界的人和动物都很少能进入,从而形成了一个相对封闭的生态环境。天坑里的生物就在这里生老病死,不仅几亿年前的生物化石能够保留下来,几亿年前的生物物种也可能保留下来,在大石围天坑就发现了恐龙时代的植物——桫椤。最后,天坑的封闭生态环境对人们研究生态学也是大有裨益的。所以现在不少科学家建议广西的天坑最好不要急于对外进行旅游性的开放,以免破坏这些难得的"生态标本"。

# 17."骂"出来的诺贝尔奖获得者

维克多·格林尼亚,法国有机化学家,格氏试剂的发现者。

格林尼亚生于法国美丽的海滨小城瑟堡市的一家很有名望的造船厂业主的家里。由于父母疼爱孩子,使他从小便为所欲为。到了上学的年龄,父母早早就送他去上学,希望他成为一个有知识、有教养的人,而且还请了家庭教师辅导。无奈格林尼亚已经养成了娇生惯养、游手好闲的坏习惯。小学、中学他从来就不知道好好学习,当然也没有学到什么知识。更糟糕的是父母根本管不了他,别人自然也不敢管。又有谁愿意得罪这位财大气粗的老板呢? 父母的宠爱使之成为了一个纨绔子弟。整个瑟堡市都知道格林尼亚是一个鼎鼎有名的花花公子,而他自己却还自命不凡。

到格林尼亚 21 岁时,他仍然是整天无所事事,寻欢作乐。

一天,瑟堡市的上流社会又举行舞会,无事可做的格林尼亚自然不会放过这个机会。似乎这种活动就是专门为他举办的,他可以任意挑选中意的舞伴,尽情地狂舞。在舞场上,他发现坐在对面的一位姑娘美丽而端庄,气质非凡,这在瑟堡市是很少见到的,不知不觉便动起心来,何不请她共舞呢?格林尼亚很潇洒地走到这位姑娘的面前,微鞠一躬,习惯地将手一挥,说道:"请您跳舞。"

姑娘端坐不动,似乎颇有心事。格林尼亚近身细语道:"小姐,请您赏光。"姑娘微微转动了一下眼珠,流露出不屑一顾的神态。格林尼亚的劣迹,这位姑娘早有耳闻,她不想与这种不学无术的纨绔子弟共舞。格林尼亚长这么大,还没有碰过这么实实在在的钉子,更何况这是在大庭广众之下,更是无地自容。这当头一棒打得格林尼亚有点不知东南西北了。他气、恼、羞、怒、恨五味俱全,一时竟站在那里不知如何是好。

一位好友走上来悄悄耳语道:"这位姑娘是巴黎来的著名的波多丽女伯爵。"格林尼亚不禁吸一口凉气,冷汗渗出。他定了定神,重又走上前向波多丽伯爵表示歉意,想给自己找个台阶下。

谁知这位女伯爵早就想教训教训他了,她并不买格林尼亚的账,只是冷冷地一笑,脸上显出鄙夷的神态,用手指着格林尼亚说:"请快点走开,离我远一点,我最讨厌像你这样不学无术的花花公子!"

被人宠坏了的格林尼亚此时早已无地自容了,他的威风、傲气、蛮霸一扫而空,在瑟堡市称雄称霸多年的格林尼亚被波多丽女伯爵三言两语打得落花流水。

应该庆幸的是格林尼亚的自尊心尚未丧失,还知道羞耻。知耻近乎勇,自此格林尼亚闭门不出,检讨自己的行为。多年来在父母的宠爱下,在社会的纵容下,自己扮演了一个什么样的角色呀?20多岁的人了,堂堂男子汉,要本事没有本事,要品德没有品德,竟成了社会上的一个"公害"。他想到波多丽女伯爵教训自己时,周围人都窃窃私语,人们早已看透了自己的品行,而自己的狐朋狗友也都纷纷躲藏起来,不敢露面,看来真是不得人心啊。

看透了自己的行为,认识到自己的错误,格林尼亚感到前所未有的轻松。他并不是天生的坏蛋,优越的家庭条件和瑟堡市居民对他的家族的敬重,使得他走到了今天的境地。在瑟堡市不会有人来批评他,也不会有人相信他能够幡然悔悟。找到犯错误的原因,就必须马上改正,而要想重新开始必须离开瑟堡市,格林尼亚决心离家出走。他给家里留下了一封信:"请不要来找我,让我重新开始,我会战胜自己创造出一些成绩来的……"

　　格林尼亚的父母早已认识到自己教育的失败,却无从下手。现在儿子觉悟了,要走一条重新做人的道路,他们从心眼里感到高兴。他们终于清醒了:再也不能宠爱儿子了,应该让儿子自己去闯出一条新路。他们没有阻止儿子的行动,也没有到处寻找,只是静静地等待着儿子的好消息。

　　格林尼亚离家出走来到里昂,他本想入里昂大学就读,但是他从来就没有认真读过书,中、小学的学业荒废得太多了,这样的基础如何考得上大学呀,格林尼亚只好一切从头开始。幸好有一个叫路易·波尔韦的教授很同情他的遭遇,愿意帮助他补习功课。经过老教授的精心辅导和他自己的刻苦努力,花了两年的时间,才把耽误的功课补习完了。

　　这样,格林尼亚进入了里昂大学插班读书。他深知读书的机会来之不易,眼前只有一条路就是努力、努力、再努力;发奋、发奋、再发奋。当时学校有机化学权威巴比尔看中了他的刻苦精神和才能,于是,格林尼亚在巴比尔教授的指导下,学习并从事研究工作。1901年由于格林尼亚发现了格氏试剂而被授予博士学位。

　　离家出走8年之后,格林尼亚实现了出走时留下的诺言。离开家乡时,他是一个人人讨厌的纨绔子弟,而现在他已成为杰出的化学家了。家乡的父老为之欢呼,决定为他举行庆祝大会,并邀请他回家乡。但他不愿出席这样的大会,他无法原谅自己青少年时所做出的种种恶劣行为,无颜面对家乡的父老乡亲。

1912年瑞典皇家科学院鉴于格林尼亚发明了格氏试剂,对当时有机化学发展产生的重要影响,决定授予他诺贝尔化学奖。

当格林尼亚得知自己获得诺贝尔化学奖时,心情难以平静,他知道自己取得的成绩是与老师巴比尔分不开的。是巴比尔老师把自己已经开创的课题交给格林尼亚去继续研究,在巴比尔老师的指导下,格林尼亚发现了格氏试剂——一种金属镁与卤代烃在乙醚溶液中反应生成的镁的有机化合物——通常称为烃基卤化镁。为此,格林尼亚上书瑞典皇家科学院诺贝尔基金委员会,诚恳地请求把诺贝尔化学奖发给巴比尔老师,此时的格林尼亚不仅是一位勤奋好学、成果累累的学者,更是一位道德高尚的人。

当格林尼亚获奖的消息传开之后,一天,他收到了一封贺信。信里只有一句话:"我永远敬爱你!"这是波多丽女伯爵写给他的贺信。多少年来,格林尼亚始终牢记女伯爵对自己的教育和严厉训斥。女伯爵当年的神情又浮现在他的脑海里,假使没有当年女伯爵的逆耳忠言,格林尼亚也不会有今天。现在她又写信表示祝贺,实在难得。格林尼亚永记女伯爵的"一骂"深情,激励自己不断前进,终于在化学上做出了自己独特的贡献,永载化学史册。

# 18.揭秘人工降雨的奥秘

降雨看起来是非人力所能左右的。然而,随着科学技术的不断发展,这种观点已成为过去。如今人类也可以"布云行雨"了,这就是人工降雨。首次实现人工降雨的科学家,就是杰出的美国物理学家、化学家欧文·朗缪尔。

欧文·朗缪尔十分理解干旱季节时农民盼雨的心情,他经过深入地研究,终于搞清了降雨的奥秘。

原来,地面上的水蒸气上升遇冷凝聚成团便是"云"。云中的微小冰点直径只有 0.01 毫米左右,能长时间地悬浮在空中,当它们遇到某些杂质粒子(称冰核)便可形成小冰晶,而一旦出现冰晶,水汽就会在冰晶表面迅速凝结,使小冰晶长成雪花,许多雪花粘在一起成为雪片,当雪片大到足够重时就从高空滚落下来,这就是降雪。若雪片在下落过程中碰到云滴,云滴凝结在雪片上,便形成不透明的冰球称为雹。如果雪片下落到温度高于 0℃ 的暖区就融化为水滴,这就是雨。

但是,有云未必就下雨。这是因为云中冰核并不充沛,冰晶的数目太少了。

当时,流行着一种观点:雨点是以尘埃的微粒为"冰晶",若要下雨,空气中除有水蒸气外还必须有尘埃微粒。这种流行观点严重地束缚着人们对人工降雨的实验与研究。因为要在阴云密布的天气里扬起满天灰尘谈何容易。

朗缪尔是个治学严谨、注重实践的科学家。他当时是纽约州斯克内克塔迪通用电气公司研究实验室的副主任。在他的实验室里保存有人造云,这就是充满在电冰箱里的水蒸气。朗缪尔想方设法地使冰箱中的水蒸气与下雨前大气中的水蒸气情况相同,他还不停地调整温度,加进各种尘埃进行实验。

1946 年 7 月中的一天,骄阳当空,酷热难耐。朗缪尔正紧张地进行实验,忽然电冰箱不知因何处设备故障而停止制冷,冰箱内温度降不下去。他决定采用干冰降温。固态二氧化碳汽化吸热量很大,在 $-60℃$ 时为 365.09 J/g,常压下能急剧转化为气体,吸收环境热量而制冷,可使周围温度降到 $-7℃$ 左右。当他刚把一些干冰放进冰箱的冰室中,一幅奇妙无比的景象出现了:小冰粒在冰室内飞舞盘旋,霏霏雪花从上落下,整个冰室内寒气逼人,人工云变成了冰和雪。

朗缪尔分析这一现象,认识到尘埃对降雨并非绝对必要,干冰具有独特的凝聚水蒸气的作用。温度降低也是使水蒸气变为雨的重要因素之一,他不断调整加入干冰的量并改变温度,发现只要温度降到－40℃以下,人工降雨就有成功的可能。朗缪尔发明的干冰布云法是人工降雨研究中的一个突破性的发现,它摆脱了旧观念的束缚。

朗缪尔决心将干冰布云法实施于人工降雨。1947年的一天,在朗缪尔的指挥下,一架飞机腾空而起飞行在云海上空。试验人员将207千克干冰撒入云海,就像农民将种子播入麦田。30分钟以后,狂风骤起,倾盆大雨洒向大地。第一次人工降雨试验获得成功。

朗缪尔开创了人工降雨的新时代。根据过冷云层冰晶成核作用的理论,科学家们又发现可以用碘化银(AgI)等作为"种子",进行人工降雨。而且从效果看,碘化银比干冰更好。碘化银可以在地上撒播,利用气流上升的作用,飘浮到空中的云层里,比干冰降雨更简便易行。

# 19.地壳中的稀有之土

在2008年度国家科学技术奖励大会上,来自北京大学的徐光宪院士获得了国家最高科学技术进步奖,他因为在稀土材料研究方面的卓著成绩而获得该奖。在我们普通人的头脑中,偶尔会听到稀土这个词,似乎与稀土"亲密接触"的机会并不多。稀土究竟有什么神奇的"魔力",可以让它们的研究者获得国家最高科学技术奖?事实上,稀土离我们并不遥远,在我们常用的一些电器中,就能找到稀土的身影。

稀土指的不是某一种矿物,而是一类稀有的矿物。稀土元素包括17种,它们分别是镧、铈、镨、钕、钷、钐、铕、钆、铽、镝、钬、铒、铥、镱、镥、钪、钇，其中只有钷是放射性元素。早在 1787 年，化学家就相继发现了若干种稀土元素，但相应的矿物发现却很少，因此把这些物质叫稀土。当然，稀土元素的稀有性是相对的。近年来的地质勘察结果表明，稀土元素在地壳中的储量相当丰富，例如铈的储量高于钴，钇的储量高于铅，镥和铥的储量与锑、汞、银相当。

由于稀土元素通常在地壳中聚集出现，而它们的物理性质、化学性质比较接近，使得对它们的分离非常困难。因此，稀土元素的提纯是化学研究中一个巨大的难点。从 1794 年芬兰人加多林分离出钇，到 1947 年美国人马林斯基等人制得钷，17 种稀土元素的完全提纯经历了 150 多年。徐光宪院士的重要贡献也是在稀土提取领域，他提出了串级萃取理论，把我国稀土萃取分离工艺提高到了国际先进水平。

我国拥有丰富的稀土矿产资源，储量世界第一，成矿条件得天独厚，现已探明的储量居世界之首，为我国稀土工业的发展提供了坚实的基础。世界上已经发现的稀土矿物约有 250 种，但是具有工业价值的稀土矿物只有 50—60 种，目前具有开采价值的只有 10 种左右。世界稀土资源拥有国除中国外，还有美国、俄罗斯、加拿大、澳大利亚等国。

我们每天都会与稀土材料打交道，因为我们日常使用的电脑和电视机就含有稀土材料。由于稀土元素具有特殊的电子层结构，可以将吸收到的能量转换为光的形式发出，所以可用稀土元素来制造电器显像管中的荧光粉。显像管中的荧光粉含稀土元素钇和铕，这种荧光粉的使用效果，远远比以前使用的非稀土硫化物红色荧光粉要好。目前，各种稀土荧光粉的用途颇广，如雷达显像管、荧光灯、高压水银灯等。

稀土氧化物可以用于制造特种玻璃。比如，含稀土元素镧的玻璃是一种具有优良光学性质的玻璃，这种玻璃具有高的折射率、低的色散性和良好的化学稳定性，可用于制造高级照相机的镜头和潜望镜的镜头。稀土氧化物还可以用于制造彩色玻璃，加入稀土元素钕可使玻璃变成酒红色,加入稀土元素铕可使玻璃变成绿色,加入稀土元素铒可使玻璃变成粉红色。这些彩色玻璃色泽变幻莫测,非常适合制造装饰品。

稀土元素在保障我们的健康方面也能起到重要作用。稀土化合物可以用于止血,而且止血作用迅速而持久,可持续一天左右。稀土药物对皮肤炎、过敏性皮肤炎、牙龈炎、鼻炎和静脉炎等多种炎症都有不错的疗效,比如使用含铈盐的稀土药物能使烧伤患者受创面炎症减轻,加速愈合。稀土元素的抗癌作用更是引起了人们的普遍关注,稀土元素除了可以清除机体内的有害自由基外,还可使癌细胞内的钙调素水平下降,抑癌基因的水平上升。

除了以上三种用途外,稀土元素在我们生活中的用途虽然还不十分广泛,但只要在一些传统产品中加入适量的稀土元素,就可能产生一些神奇的效果。目前,稀土已广泛应用于冶金、石油、化工、轻纺、医药、农业等数十个行业。比如,稀土钢的耐磨性、耐磨蚀性和韧性显著提高,稀土铝盘条在缩小铝线细度的同时可提高强度和导电率;将稀土农药喷洒在果树上,既能消灭病虫害,又能提高挂果率;稀土复合肥既能改善土壤结构,又能提高农产品产量;稀土石油裂化催化剂用于我国炼油业,可使汽油等轻质油的产出效率提高许多倍。

# 20.大马士革宝刀之谜

正如现代人都希望拥有名牌产品一样,古代的欧洲有一种刀是人人想要得到的,那就是在叙利亚首都大马士革生产的大马士革刀。现在我们可以在大多数大型博物馆的武器甲胄部看到有大马士革刀挂在那里。

大马士革刀之珍贵在其强度和锋利程度。据说这种刀之所以出名是因为它们能够在纱巾飘落途中把它一挥两段,而欧洲其他的刀剑就做不到这一点。大马士革刀还以其美观的外表而闻名：刀身表面有一种波形花纹，看上去有点像木头的纹理，有时候这种波形花纹还会横贯刀剑形成线条，就像梯子的一条条横档一样，有时这些波纹又会构成旋涡，称为玫瑰花形图案。

大马士革刀不仅锋利美观，而且它的制造还是一个谜。从中世纪到现在，欧洲最好的工匠始终造不出这样的刀剑，不管他们怎样仔细研究东方造的这种宝刀也没有用。再加上，大马士革刀的制造工艺已经失传，最晚的大马士革刀是在 19 世纪初期制造的，这就使这种宝刀变得更加神秘。

多年以来，冶金学家们设想了各种各样的制造这种宝刀的方法，但在试验这些方法时，没有一种造出来的刀剑能比得上博物馆里的大马士革刀，令数百年来的人们伤透脑筋。即便是到了科学和技术高度发展的 20 世纪，人们还是没有弄清楚这种刀是怎样造出来的。秘密究竟是什么呢？

维霍文是一位冶金学家，他在美国艾奥瓦州立大学教授金属学。他认识了佛罗里达州的一位制刀匠彭德雷后，两人为解开大马士革刀之谜开始合作。一开始，他们把科学杂志中已经发表的制造大马士革刀的方法全部试了一遍，但是，始终造不出与古代的大马士革刀一样的刀剑。于是他们就决定从头开始，一步一步地追踪古代制造大马士革刀的过程，看是否能搞清楚那时的工匠是怎么做的。

要把钢饼制成刀，工匠们必须通过反复加热锻打，把钢饼拉长弄平，做成刀的形状。在加热和锻打的过程中，在刀身上就会出现波形花纹。维霍文和彭德雷在研制大马士革刀的过程中面临的主要问题之一就是要在刀身上做出一模一样的花纹。而要做到这一点，必须使刀剑的内部结构也与大马士革刀一模一样。在钢里面，一些碳分子与铁结合，形成一种新的渗碳体。这些渗碳体粒子周围包有一圈接近于纯铁的金属。

著名的大马士革刀的花纹正是由这些渗碳体的排列分布而形成的。

有趣的是,渗碳体的微粒在大马士革刀表面不是任意分布的。如果你把刀剑锯开,在显微镜下观察切面的话,你就会看见渗碳体微粒是排列成一行行的,这叫作带状排列。正是这些渗碳体微粒带形成了大马士革刀表面上的花纹。在普通的碳素钢里,铁和碳以外的元素都是杂质。把钢放在坩埚里烧,最后得到的钢很可能会含有少量来自铁矿石或是坩埚壁的各种各样的杂质。因此,制作大马士革刀的钢材里很可能含有某种独特的杂质才导致了花纹的出现。

但是,制作大马士革刀用的钢里含的是什么杂质呢? 在过去的100年里,科学家们分析了10把大马士革刀的成分,这些分析表明,制成大马士革刀的乌兹钢含有少量的4种杂质元素:硫、磷、硅和锰。那么,人们既然知道了这种钢的构成成分和制造工艺,为什么就不能重新造出大马士革刀呢? 维霍文和彭德雷猜想,可能钢里还有另外一些杂质元素被人们忽略了。这些杂质的含量可能极为微小,以至于测不出来。

真正的大马士革刀被认为是无价之宝,因此大马士革刀的拥有者不会允许冶金学家们对它们进行破坏性分析。因此,当瑞士的一家博物馆送了几小块真正的大马士革刀碎片给维霍文和彭德雷进行研究时,他们欣喜若狂。他们发现,每一块真正的大马士革刀的碎片都含有少量的钒,这一点与他们的发现完全符合,也就是说,钒是制造大马士革钢的关键成分。

关于大马士革刀所用的钢还有一些问题没有完全弄清楚。比如说,为什么钒能使渗碳体微粒排列成行,而其他杂质元素却起不到这种作用? 维霍文和彭德雷揭开的谜底也回答了一个有趣的历史问题:为什么制造大马士革刀的技艺会失传? 答案可能是:只有印度的某些铁矿含有所需要的杂质元素。当这些矿藏用完之后,工匠们开始使用别处来的钢材。由于这些钢材里没有那些神秘的成分,其魔力也就消失了。

# 21.防贼的意外发现

　　法国是葡萄酒的故乡,著名的美酒几乎都从法国出产。由于葡萄酒业的繁荣,在法国,有些农民世代以种植葡萄为生,他们过着温馨恬静的田园生活。

　　法国的波尔多是一个盛产葡萄的好地方,每当葡萄成熟的时候,空气中飘溢着醉人的香味,令人垂涎欲滴。那里人们的生活也因为葡萄的连年丰收而显得富裕舒适。

　　19世纪70年代末,葡萄园中出现了一种由霉菌引起的葡萄病害,人们称之为"葡萄露菌病"。这种病使葡萄叶子上长满了多角形的黄褐色病斑,叶子背面是一片白色的霉霜。染上病后,好端端的葡萄藤会日渐衰竭、枯萎。严重的地方,甚至颗粒无收。虽然采用了以前常用的除虫菊、烟草和硫黄的混合剂进行喷洒,但对这种病害却无济于事。

　　就在这时候,靠近大路的一个葡萄园却奇迹般地喜获丰收。

　　好奇的人们满怀希望地聚集到这家葡萄园中,向主人请教防治病害的绝招。可是,连这位种植园主本人也对今年意外的丰收感到吃惊,满头雾水的他根本无法向别人传授什么经验。

　　法国波尔多大学植物学教授米亚卢德也听到这个消息,凭着科学家的职业敏感,他隐约感到这里面大有文章。于是,他来到了那家丰收的葡萄园。园主热情地接待了他,但对自家的葡萄园为什么没有遭受病害,他还是什么也说不上来。

　　米亚卢德心想:这里果园彼此相连却单单这块葡萄园平安无事,奇迹必然出在这小小的范围之内。于是,他开始在园中仔细观察土壤、水源、环境等等,但丝毫也没有发现可疑之处,这儿的一切都和别处相同。

"请问你是怎样浇水、剪枝、施肥、下药的?"米亚卢德向种植园主请教。

"和别的园主们一样,都是按祖传的老规矩进行。"园主答道。

"有没有使用过什么新办法? 尤其是以前从没有人尝试过的办法。"

"……噢,对了。今年我怕葡萄丢失,在葡萄上喷过硫酸铜溶液和石灰水的混合剂,可那是防贼用的。"

原来,这家种植园地处交通要道边上,往来的行人众多,每年葡萄成熟的季节,就有人顺手牵羊,趁主人不在时偷摘葡萄解馋。为此,园主没少费脑筋。

以往管理葡萄园时,园主都要用石灰水粉刷葡萄架,并用硫酸铜溶液进行喷洒以防害虫。偶然中他发现蓝色的硫酸铜溶液和白色的石灰水,都散发出一种难闻的气味。于是,他突发奇想:将这些既有颜色又有臭味的溶液喷到葡萄上,人们觉得又脏又难闻,大概不会再偷摘吃了吧。

这位园主马上动手将两种溶液混合在一起,用喷雾器喷洒到葡萄上。这样粒粒葡萄都变得不蓝不白、既脏又臭,行人不再偷摘解馋了。

听完种植园主防贼的高招,米亚卢德马上想到:硫酸铜是农药,有杀虫作用。石灰水呢? 难道两者混合起来能防治病害?

米亚卢德似乎受到某种启示,他马上回到实验室,根据园主提供的线索,顺藤摸瓜,继续研究下去。

他按照不同的比例将石灰水和硫酸铜混合,并不断地进行实验和观察,最后选定了防治病害的最佳方案,即由硫酸铜、生石灰和水按比例1:1:100制成的溶液,几乎对所有植物病菌均有杀菌作用。

为了慎重起见米亚卢德又将药物拿到葡萄园中进行防治试验,并努力找到这种药物防止露菌病的原因。原来,在这种药物中,硫酸铜溶解后会产生铜离子,这种铜离子能够妨碍露菌病霉菌孢子的发育,从而抑制了霉菌的繁殖,有效地控制了露菌病的蔓延。

为了纪念波尔多市的那家种植园,感谢它所给予的启示,米亚卢德用城市的名字将这种药物命名为"波尔多液"。

从此,农药家族中多了一位新成员。时至今天,波尔多液仍被人们广泛应用于防治马铃薯晚疫病、梨的黑星病、苹果的褐斑病等诸多植物病害。

# 22.氮气的发现

在中世纪欧洲炼丹术士密传的经典里,常画有一只手,手的大拇指上面画着一顶皇冠,它代表的是硝石(硝酸钾 $KNO_3$,或硝酸钠 $NaNO_3$,后者又叫智利硝石)。

炼丹家们用皇冠代表硝石是很自然的,他们把硝石看作是"万石之王"和"火的源泉"。

把硝石撒在田里,庄稼会长得更壮更好;本来只会燃烧不会爆炸的硫黄和木炭,与硝石一经混合,就会成为炸药。聪明的中国人正是利用它的这一性质,发明了黑火药,威力远远超过了当时欧洲人的长矛、短剑。

由于炼丹、种田、打仗都要用到它,天然硝石就渐渐供不应求了,人们为了得到它就建立了"硝石种植场"。当时人们可能还说不清它是石头还是植物,以为它也可以像种庄稼那样进行种植。他们把树叶、半腐朽的木头、牲畜粪便等倒在一个坑里,让它们腐烂、生长,过一段时间后,再来收获那上面长出的白毛状的"硝石霜"。可以想象,这费了九牛二虎之力才结成的硝石霜,常常是少之又少的。

自然界的硝石储量很少,原因很简单:硝石易溶于水,即使自然界有过硝石,也早被雨水冲洗干净,人类开采不到了。在遥远的南美洲——

智利干旱的沙漠里,天然干旱无雨的条件使这里保存了不少的天然硝石。

硝石里有些什么呢?当时谁也不知道。有人发现如果用浓硫酸处理硝石就会得到一种新的液体,当时的人还不能分离和认清它是什么,就叫它"硝石精"。

1779年,英国化学家普利斯特里在实验中发现,当空气中通过电火花时,空气的体积会变小,生成的气体遇到水也会明显地呈酸性。这酸性气体是什么呢?普利斯特里草率地把它说成是碳酸气(二氧化碳),轻易地错过了认识硝石的机会。后来,英国化学家卡文迪许让电火花通过装有空气的管子,很快就发现管子里出现了一种红棕色的气体,它具有硝石精特有的那种气味,溶于水后显示的酸性和其他性质也与硝石精一样。现在,我们已经知道,空气中的氮气先在通电情况下与氧形成一氧化氮,一氧化氮又自动与氧反应化合成二氧化氮,然后再与水作用而形成"硝石精"——硝酸,作为炼丹、炼金家"天书"里"圣手"拇指上皇冠的硝石,则不过是它形成的钾盐、钠盐罢了。

# 23.氮肥和氮气

空气中的"隐身人"氮气被发现了,这使人们对空气组成的认识大大提高了一步。可它被看成是"不能维持生命"的东西,这实在又有点冤枉,因为构成生命的蛋白质除了含碳、氢、氧外,一般都含16.5%的氮元素,没有氮就没有蛋白质,又怎能谈得上生命呢?可在19世纪40年代以前,还没有人知道这一点。

1840年,杰出的德国化学家李比希发现,氮元素是动植物体内所必需的元素,植物每年从土壤中带走大量氮元素,使欧洲的土地正在一年年贫瘠下去。怎么办呢？为了解这一问题，李比希亲自从南美洲的智利运来了硝石，可是他的做法并没有得到人们的支持，谁也不愿花钱买他的"石头"，用于补充土地氮元素撒在地里，因此，第一批运来的硝石只好倒入海中。但是土壤里的氮气难道就不需要补充了吗？不是的，事实告诉人们，要夺得高产必须施用氮肥。于是，硝石成了抢手货。

"空气中不是有很多氮气吗？怎么会发生氮荒呢？"使用了一段时间的硝石后，人们又把注意力转向空气里的氮。

的确，空气里含有大量的氮，氮气占大气总量的78％（体积分量），也就是说，每平方千米地面的上空就有 1 000 万吨氮，但遗憾的是，除了有根瘤的植物外，绝大多数植物无法直接吸收利用氮气。于是，把氮气变成可被植物直接吸收利用的"攻坚战"开始了。

人们很快把目标集中到氮气和氢气的反应上。1900 年，法国化学家勒·夏特里根据理论推算，认为这一反应能在高温下进行。但因在实验中发生了爆炸，他便草率地停止了这种"冒险"行为。德国化学家能斯特虽然注意到氮气、氢气反应能生成氨气，但通过计算又认为这种反应没有多大前途，使氮气的合成反应又遭夭折。

德国化学家哈伯和他的学生是氨合成反应的执着探索者，经过艰苦的实验和复杂的计算，他们获得了浓度高于 60％的氨。

德国巴登苯胺和纯碱制造公司对哈伯的研究工作十分感兴趣，决心不惜耗巨资并投入强大的技术力量，将这个研究成果付诸于工业生产。化学工程专家波施授命继续试验，他花了整整 5 年时间，经过上万次尝试，终于找到更有效的催化剂——含有镁、铝促进剂的铁。

氨的工业生产实现了，但人们并不甘心花费这么高的代价，在这一点上，人们是多么羡慕根瘤菌啊，它们在常温、常压这些极其温和的条件下，就能把空气中的氮气变成氨。

多年前，英国著名的生物化学家瓦丁顿博士，曾对他的老朋友瑞典斯德哥尔摩生物应用技术研究所的海登博士半开玩笑地说:"如果我有幸遇到一位有求必应的仙女,我将以全人类的名义向她祈求利用生物酶合成目前难以合成的化合物,也能像大豆的根瘤那样,以取之不尽、用之不竭的空气为原料,源源不断地产生出可以作为肥料和化工原料的合成氨。"显然他的"玩笑"一旦实现,整个"氮肥世界"就会发生一场划时代的革命。目前,化学家和生物学家们正在携手合作,寻找"人工模拟固氮"的方法,但困难毕竟还是很大。

氮气如此"顽固不化",你知道其中的原因吗?

氮气是由氮分子组成,要氮分子发生化学反应,首先要使氮分子里的两个氮原子分开。可氮分子结构稳定,两个氮原子通过 3 个共用电子对结合得非常牢固。因此,氮分子一般难以参与化学反应。即使参与,也往往需高温、高压等苛刻条件。

# 24.神奇的金属元素

(1)功能奇特的黄金

黄金一向被视为财富的象征,除了密度大、熔点高、沸点高、延展性好、化学性质稳定外,黄金还有许多奇特的功能。例如,普通门窗上镀上黄金膜,可使室内冬暖夏凉。盛夏,金膜可以将阳光中 90% 的热量反射出去,使室内凉爽宜人;冬天,可以利用金膜将光反射到室内,增加温度。

(2)能"抗癌"的金属

铂不仅有"催化剂"之王的美誉,还有"抗癌新军"的雅号。20 世纪70 年代,美国学者发现一种铂化合物注射剂可以有效地阻止和根除老鼠体内的恶性肿瘤。在英美 40 多家医院的实验中显示,铂对人类的某些癌症和白血病有明显的疗效。一种叫作"顺铂"的药物,已经成为抗癌新药。

（3）能呼吸的金属

金属钯在一定条件下，可吸入比自己体积大 2 800 倍的氢气。改变一定的条件后，它又能将吸入的氢气全部"呼出"。除钯外具有这种特异功能的金属还有镧和镍等。美国和法国科学家用它们来开动汽车。他们先制造出一种"五镍化镧储氢器"，这种仪器可一次吸入 7 立方米的氢气，然后呼出来，使汽车开动，一次可行驶 40 多千米。

（4）能记忆的金属

美国海军武器实验室研制成功一种新的合金——镍钛合金，这种合金含 50% 的镍和 50% 的钛。当它经热处理后，可在低温下改变形状，但高温下又自动恢复到原状，所以被人们称为"会记忆的金属"。

（5）能产生电流的金属

金属铯具有一种可贵的特色，就是它的自由电子活动性特别高。当其表面受到光线照射后，电子便能获得能量，从其表面逸出产生光电流。人们利用这一特性将其喷镀于银片上制成光电管，使光转变为电，使光信号转变为电信号，在电影、电视、传真和自动化控制设备中都需要用到光电管。

# 25.凡士林的发现历程

石油是一种埋藏在地下的宝藏，它既是重要的能源，又是石油化工的重要原料。最初，人类主要利用石油来照明，1883 年汽油发动机问世和 1893 年柴油发动机问世后，石油的加工产品便成了发动机的燃料，从而开创了人类文明的新纪元。

20 世纪，石油化学工业兴起，以石油为原料可以制成上万种产品，如化肥、农药、医药、塑料、合成纤维、合成橡胶等。石油与国民经济和人民生活有着密切的联系,可以毫不夸张地说,石油工业发展的状况标志着一个国家的文明程度。

那么,通过对石油的炼制可以得到哪些主要产品呢?通常按照主要用途,这些产品可分为两大类:一类为燃料,如液化石油气、汽油、喷气燃料、煤油、柴油、燃料油等;另一类为可用于进一步加工的原材料,如润滑油、凡士林、石蜡、石油沥青、石油焦等。

石油的这些加工产物各有所用,其中最不起眼的也是最常见的要数凡士林了。

从组成上看,凡士林是液态烃和固态烃的混合物,呈白色或黄棕色。凡士林可由固体石蜡和润滑油调制而成,也可由石油残油经过硫酸和白土处理精制而成。

19世纪70年代以前,世界上大部分药膏都是用动物脂肪(如牛油、猪油、羊脂等)和植物油(如花生油、棕榈油等)配制而成的。由于这些油脂容易氧化、聚合,性质不稳定,致使所配制的药膏很容易腐败变臭而失效。

美国有一位药剂师切斯博罗见到所配制的药膏性能这样差,心中很不满意。为此,他萌生了一种求变心理,他想:若能找到一种不易变质而且类似于油脂的物质该有多好,这样便可改进药膏的配方,提高药膏的药效。

1859年,切斯博罗有机会到美国宾夕法尼亚州参观新发现的油田。在那里,他看到一件非常有趣的事情:工人们非常讨厌采油机杆上所结的蜡垢,因为蜡垢会增加油气的流动阻力,严重时还会堵死油流通道,影响正常生产。为此,工人们必须不断地将蜡垢从采油机杆上清除掉。

那么,为什么采油机杆上会结蜡呢?在采油开始时,一般不会有结蜡现象,采油时间长了,由于随着油流上升,压力逐渐低于原油的饱和蒸气压,天然气不断从原油中分离出来,气体膨胀要吸收大量热量,原油溶蜡能力减弱,因此就会有大量石蜡从原油中析出,使油杆结蜡垢。

然而,有趣的是工人们又很喜欢这些蜡垢,经常用一些蜡垢涂抹受伤的皮肤。问起这样做的原因,工人们回答说,"蜡可以止痛"。切斯博罗对此非常感兴趣,他想这里面可能含有自己多年想要寻找的物质。为此,他如获珍宝一样带走大量蜡垢以便回去研究。

经过 11 年的研究,做了上百次实验,最后他终于搞清了蜡垢的化学组成、性质及进一步净化提炼的方法,并且还从蜡垢中提炼出黄棕色的油膏。他用这种油膏配成了药膏,并用这种新药膏治疗自己的割伤和烧伤,药效非常明显,而且安全耐用。就这样,一项新的发明在世界上诞生了。1870 年,他还建立了世界上第一个制造这种油膏的工厂,并将这种产品命名为 Vaseline(凡士林)。

今天,凡士林已成为家喻户晓的产品。据统计,它已在多个国家和地区行销,具有几千种用途。例如,在高寒地带,人们在野外工作,为了保护裸露的皮肤,可用于擦手、擦脸;汽车司机可把它涂在蓄电池线头上,以防止线头腐蚀;游泳者跳入冷水前,可用凡士林涂身,以减少热量损失,保持精力旺盛。

总之,不起眼的凡士林在润滑剂、防锈剂、化妆品、药膏、鞋油及金属擦光剂等方面都大有市场。

# 26.厨房里的油烟有什么危害

厨房里的油烟有危害吗?

相信大多数人都会不假思索地回答:"当然有危害了!"但是人们不一定知道油烟会造成怎样的危害。下面就让我们用实验来揭晓这个问题的答案。

我们买来两条模样相同的金鱼，就像一对"双胞胎"，把它们分别养在两个鱼缸里，一个放在阳台上，另一个放在厨房里。

第一天分居两处的金鱼活得都很愉快，只是放在厨房里的鱼缸水面上漂着一些油垢。

第二天，阳台上的金鱼悠闲地游动着，每分钟呼吸 42 次。厨房里的金鱼却很少游动，每分钟呼吸 35 次，水面油垢增多。

第四天，厨房里的金鱼目光呆滞，呼吸更慢，也不吃食了，鱼缸壁上有了油垢。阳台上的金鱼依然游得很欢快。

第六天，厨房里的金鱼死了，阳台上那条金鱼则继续享受美好的生活。

金鱼因为生活在厨房里，命运就变得很悲惨。为了验证实验的可信度，我们又做了一个新的实验。这次把金鱼换成两盆水仙花，一盆放在卧室的窗台上，一盆放在厨房里。结果厨房里的水仙花叶子上在第三天就有了油垢，以后叶子发黄，花枝枯萎，到了第八天就奄奄一息了。而卧室窗台上的水仙花越长越神气，花繁叶茂，芳香四溢。

放在厨房里的金鱼和水仙花长时间接触不到阳光，只能呼吸肮脏的油烟气，所以很快走上了死亡之路。同样，厨房里的油烟气对我们人体也有很大的危害，过量吸入这种空气，容易患上肺炎、支气管炎等疾病，据说还可能致癌。所以大家在烧菜做饭时要让厨房的空气流通，勤开排油烟机。

# 27.异想天开的发现——磷

磷是众所周知的化学元素，它的原意是"冷光"。民间传说中的"鬼火"，就是一种磷的氢化物产生的自燃现象。人及动物的尸体腐烂分解而形成磷的氢化物，它是一种气体，当遇到空气，就会自动地燃烧起来。我国古代又把鬼火叫磷火，因此我国也把"冷光"的物质叫作"磷"。由于磷是非金属元素，常温下单质为固态，于是又把原来的"火"字旁改为"石"字旁，写成"磷"。这也是用中文汉字对化学物质命名的一大特色。

令人感到有趣的是，最早发现的磷是从尿液中提炼出来的。在那时，谁也不知道人和动物的尿液里到底含有什么东西，而当时有一个想发财的商人，千方百计地寻找生财之道，偶尔听人说，从人的尿液里可以制造出黄金或是能够点石成金的宝贝。于是他就偷偷地收集了大量的尿液，一点一点地慢慢蒸干后，又胡乱地加上各种各样的东西，今天用煮的办法，明天又用烧烤的办法，一次一次地试下去，终于有一次，他发现了一种在黑夜中能发出荧光的物质。这就是他初次得到的磷，一小块白色柔软的白磷（磷的一种单质）。这是 17 世纪 60 年代末的事，这个人的名字叫布兰德，是德国汉堡人。

尿液的成分，除了绝大部分水之外，主要的是尿素。此外还有一些新陈代谢的废物，其中便含有极少量的硫、磷等元素，而且是以极其复杂的有机化合物的形式存在的，只有在经过长时间的发酵蒸发后，才能变成磷酸盐。磷原来以多种形式的化合状态，遍布于人及动物体内，主要有各种酶促使营养成分发生同化作用，为生理需要提供活力机制的。含磷的有机化合物也存在于骨骼和牙齿中。平常，我们所吃的食物里，都普遍含有磷。同时由于饮食情况的不同，排泄物中所含磷的量也有所不同。磷可以形成各种各样的化合物，要用磷的化合物来制取单质，都需要经过复杂的化学反应。工业生产上，经常是用磷矿石为原料，加上石英和焦炭，再经过 1 500℃ 的高温而产生的磷蒸气，在隔绝空气的状态下，通入水中冷凝，成为固体的白磷。

真是无巧不成书，布兰德经过几十次的改变配方，更换方法，他居然在一次将尿渣、沙子和木炭放在米中加热时，用水冷却产生的蒸气而得到单质磷。这种十分巧合的事,实在是很少有的。当制出奇怪发光的宝物时,布兰德真是欣喜若狂,他想如果要发财,制法就要十分保密。他得到磷的消息在外界传开以后,人们只知道他是用尿做实验,于是便有很多人也想碰运气地做了起来。德国人孔柯尔居然在17世纪80年代后期,也从尿渣中制出了磷,其做法跟布兰德的方法如出一辙。17世纪80年代初英国的化学家波义耳和他的助手德国人亨克维茨,独立地从尿中制出了磷,并对制法加以改进,大量生产使其成为商品。18世纪70年代中期瑞典化学家舍勒,又从骨头中制出了磷。磷从此有了正式的名称,叫"发光体"。

白磷被发现以后,又大量投入生产并成为商品出售,它到底有什么用途呢?它在最早期,除了供应实验室用及制造磷头火柴之外,几乎没有其他的用途。磷头火柴是当时使用最方便的引火工具。然而白磷有剧毒,又极易着火,很快就被安全火柴所代替。我们现在所用的安全火柴也要用磷,那就是涂在火柴盒两侧酱紫色的东西,它的主要成分是红磷。红磷跟白磷互为同素异形体,但红磷的着火点比白磷要高得多,而且毒性也极小。现在生产的白磷主要用于合成含磷的农药,这类农药有极强的毒性,使用时要特别小心。

磷就是这样被发现和推广应用的。

# 28.火炉上的重大发明

"如果你在路上看到头戴胶皮帽,身披胶皮风衣,内着胶皮背心,下穿胶皮裤子,脚蹬胶皮鞋,手拎胶皮钱包(里面没有一文钱)的人,那他一定是古德伊尔。"19世纪40年代前后,美国康涅狄格州纽黑文的居民是这样嘲笑古德伊尔的。

确实,查尔斯·古德伊尔一生都很贫穷,生活困苦不堪,因为还不起借债而几次坐牢。但他却终生热衷于研究橡胶的制法和改良质量的方法,从未间断过。

橡胶是由生长在南美的橡胶树的树液收集起来凝结而成的。刚开始时,橡胶只是用来做橡皮。但是,19世纪20年代初,美国的麦金托什把橡胶涂在布上,做成雨布后,橡胶的水密性和气密性引起了人们的注意。但是,橡胶有很大的缺点,夏天在高温下熔化,黏糊糊的,而冬天却又硬邦邦的。要使橡胶实用化,首先必须克服这种缺点。

古德伊尔从19世纪30年代左右,便开始研究改良橡胶的质量问题。他想出了一种办法,即把氧化镁掺入橡胶,然后用石灰水煮,使橡胶表面光滑,但这种办法未能实际应用。接着,他发现了用硝酸煮橡胶,可以消除其黏性。他在纽约成立了公司,用这种橡胶制造台布和围裙等,但在之后的金融恐慌中破产了。

19世纪30年代后期,古德伊尔回到他的故乡纽黑文,认识了纳撒尼尔·海沃德。海沃德想出了在橡胶表面撒上硫黄粉末,然后拿到太阳底下晒,以改变橡胶质量的方法,并获得了专利。古德伊尔买下了他的专利权,合资生产政府征购的橡胶邮袋,但又失败了。

有一次,他把橡胶、硫黄和松节油精掺在一起用坩埚煮。他手里捏着坩埚耳和朋友谈话,谈着谈着,忘记了手里的坩埚,一打手势,橡胶块从坩埚里飞了出来,落在烧得通红的炉子上。若是普通的橡胶,遇热就会熔化流下来,然而这块橡胶却没有熔化,而是逐渐烧焦了。古德伊尔的脑海里立刻闪现出一个念头,在橡胶里加进适当的硫黄,用适当的时间进行适当的加热,就一定能得到不发黏的胶皮。他又反复进行实验和研究,终于确立了橡胶加硫的制造法。这形成了后来整个橡胶工业发展的基础。

# 29.赛场上的缉毒战

现代奥运会的口号是"更高、更快、更强",这个口号激励了世界各地的人们不断强身健体。然而,这个口号背后也潜藏着巨大的利益,一些违背奥运精神的运动员为了获得非法利益,不惜铤而走险,服用运动赛场上的违规"毒品"——兴奋剂。

当记者乔安娜找到安静文雅的塔尼娅时,简直有些不相信她已经和数百个运动员的尿液打过交道了。塔尼娅是从 2004 年的雅典奥运会开始兴奋剂检测工作的。她说:"兴奋剂不是现代运动的新发明,它的历史其实可以追溯到 2 000 多年前。兴奋剂最早出现在非洲土著的宗教仪式上,后来被一个欧洲探险家带回欧洲。公元前 3 世纪的一次古代奥运会上,一位运动员在赛前服用了一种能够让人进入迷幻状态的毒蘑菇,在比赛前他就显得与其他运动员不同,只见他红光满面、兴奋无比。当裁判一声令下,这位服用了毒蘑菇的运动员就率先冲出跑道,而且越跑越快,直到终点也没有疲劳的感觉,结果他获得了这个项目的金牌。"

1865 年,有报纸首次报道了荷兰游泳运动员在横渡海峡的比赛中服用了兴奋剂。1886 年在法国 600 千米自行车比赛中,一名运动员因服用过量兴奋剂而死亡,这是世界上第一位因为服用兴奋剂而死的运动员。大约 100 年前的现代奥运会中,鸦片提取物曾经被用于赛马,后来被禁止。在 1904 年美国圣路易斯奥运会上,当时美国马拉松运动员托马斯·西柯斯在比赛中注射了"士的宁",并喝下了一大杯威士忌,因此在比赛中取得胜利,并获得金牌。这也是奥运会历史上第一位有案可查的服药选手。

第二次世界大战时,德国为了让士兵能够承受反复转移与昼夜作战的超生理负荷,曾命令士兵服用兴奋剂。第二次世界大战后,兴奋剂开始广泛应用于竞技体育运动中。20世纪40年代末50年代初,人工合成的化学药物苯丙胺成为运动员选择的目标,是当时滥用最多的一种兴奋剂。

1960年罗马奥运会100千米自行车比赛中,丹麦运动员詹森因服用过量苯丙胺和酒精的混合物而猝死。1967年环法自行车赛上,英国杰出的自行车运动员辛普森也因服用过量苯丙胺而死于比赛中。

在巨大利益和名誉的诱惑下,运动员们互相效仿,滥用药物之风愈演愈烈。塔尼娅说:"兴奋剂问题虽然早就暴露出来,但是直到40年前才引起官方的重视。在1964年东京奥运会过后,国际奥委会的官员们发现满地都是运动员用过的注射针头,当时他们才痛下决心对付兴奋剂。"在1968年的墨西哥奥运会上,国际奥委会第一次实行兴奋剂检查,结果发现两起违规事件。在那些需要力量和耐力的运动项目中,被查出使用兴奋剂的运动员最多,滥用兴奋剂最严重的项目依次为自行车、田径、举重、游泳。

兴奋剂被称为竞技体育中的恶性肿瘤,多年来困扰着国际体坛,屡禁不止。2007年10月9日,当时最大的兴奋剂丑闻有了结果,有"女飞人"之称的美国女子短跑名将琼斯因服用兴奋剂,交出了她在2000年悉尼奥运会上夺得的3金2铜,共5枚奖牌。她还因此被禁赛两年。当然,像琼斯一样服用兴奋剂的运动员不会跳出来"自首",都得靠兴奋剂检测机构的严格检查。

兴奋剂检测有尿样检查和血液检查两种取样方式。自国际奥委会在奥运会上首次试行兴奋剂检查以来,国际上一直采用的是尿检。直到1989年,国际滑雪联合会才在世界滑雪锦标赛上首次进行血检。迄今为止,尿检仍是主要方式,而血检只是作为一种辅助手段,用来对付那些在尿样中难于检测的违禁物质和违禁方法。

塔尼娅的实验室里粘贴着一些运动明星的照片,塔尼娅指着篮球明星乔丹的照片说:"瞧他多健康,一些长期服用兴奋剂的运动员我们从外貌上就可以观察出来。比如,一些女运动员服用类固醇类药物后,就会出现长胡须、声音变粗、脱发等男性的特征。而男运动员服用类固醇药物后,体内雌性激素分泌水平超过雄性激素,一些男运动员乳房发育起来了,特别搞笑。一些滥用生长激素的运动员的手脚会变得很肥大,牙根也会暴露出来,就像魔幻片中的怪人。"

乔安娜参观了兴奋剂检测中心的尿检室,发现尿检室四面都有镜子。塔尼娅说:"这些镜子让运动员的一举一动都暴露出来,想作弊也不可能。"为了保证清白,运动员取样之后自行领取尿检瓶,检测人员不能接触那些取样用具。塔尼娅指着一大叠检测材料对乔安娜说:"随着科学技术的发展,不少运动教练找科学家秘密研制新的兴奋剂药物,这样我们用传统的方法就不能查找出来了。其实,国际体育仲裁法庭和世界反兴奋剂机构都有自己的研究团队,一些新兴奋剂出现不久,我们就能够发现。那些存在侥幸心理的运动员和他们的教练最终不得不吞下身败名裂的苦果。"

# 30.追寻脚气病的克星
## ——维生素 $B_1$

要认识维生素,还得从酶说起。酶是一种生物催化剂,起着催化人体内各种化学反应的作用。人体中的酶有成千上万种,每一种化学变化都要由单独的一种酶来控制。人体内如果缺少某一种酶,人体的正常机能就会紊乱,这将导致人患上严重的疾病,甚至死亡。

人体中的各种酶是以我们食物中的物质为原料在人体内合成的。尽管人体能够制造机体所需的各种酶,但很遗憾,人体自身不能制造用于合成酶分子的某些特殊的原子结合体。这样的原子结合体，必须从食物中获取，如果我们所吃的食物缺乏这些特殊的原子结合体，控制我们身体整体机能运转的化学反应的某些酶就制造不出来，人体这架"化学机器"就难以运转，人也就要生病了。

维生素被称为生命的要素，它实际上是一些人体无法合成的用以制造酶的必要的原子结合体。这些原子结合体，一般隐藏在动物体和植物体中，是极其微量的物质。在我们的食物中，它的含量也很少，有时甚至少到只有食物质量的万分之一。但是，它们却神通广大，一旦生命体缺少了它，就会遭到悲惨的厄运。

1740年，据英国、西班牙、葡萄牙等几个著名航海国家统计，每5个死亡的海员中，就有4个死于坏血病。

1887年冬天，俄罗斯大地灾祸横行，竟有150万农奴患了夜盲症，其中很多人双目失明。

19世纪末，世界上许多地方癞皮病泛滥，美国和法国染病者各为17万，意大利染病者为10万……全世界共有100万人染上此病。

18—19世纪，脚气病在亚洲横行，不到1 000万人口的印度尼西亚，每年就有10多万人被脚气病夺去生命。

这些奇异的怪病是什么引起的呢？人们千方百计地探求缘由，寻找治病良方，直到19世纪末，其中的秘密才逐一被揭开。原来是因为人体缺少了某些至关重要的特殊的有机化合物，人们称这些有机化合物为维他命（Vitamin），即维生素。

随着维生素逐一被发现，那些害人的病魔便一个接一个地被征服了。

真正揭开脚气病病因之谜的，是荷兰医生艾克曼。

19世纪末，印度尼西亚还是荷兰的殖民地。那时，印度尼西亚全国流行脚气病，造成成千上万人死亡，当然荷兰占领者也未能幸免。为此，荷兰驻印度尼西亚的总督，紧急请求荷兰政府派医疗队到印度尼西亚消灭这种"瘟疫"。

1897年夏天，荷兰医生艾克曼带着一支医疗队到了印度尼西亚。面对众多的脚气病患者，却没有医治的方法，艾克曼心里一直是惴惴不安，他整日想方设法查找染病的原因。一天，他发现了一种奇特的现象，在这里不仅人患有脚气病，就连鸡也都两脚红肿，染有这种病。为此，他拿鸡开刀进行实验，还亲自办了一个养鸡场，以便于研究鸡患此病的原因。虽然他夜以继日地工作，做了很多实验，并且发现此病不是由于细菌传染造成的，但究竟是何原因，仍然搞不清楚。

真是无巧不成书，机遇终于降临到这个有心人的身上。有一天，鸡场饲养员因有病请假，艾克曼只好另雇了一位临时工当饲养员。想不到的是，这位临时工接替工作后，患脚气病的鸡却日益减少。过了几个月，那位请病假的饲养员回来了，不久，他喂的鸡又恢复了旧面貌，只只两脚红肿、奄奄待毙。

面对这奇怪的现象，艾克曼百思不得其解。为了揭开其中的奥秘，他静下心来，进行了仔细的调查研究，最终找出了症结所在：原来第一位饲养员用精白大米喂鸡，所以鸡和人一样也害了脚气病，而那位临时工为从鸡饲料中捞取好处，偷偷扣下大米而掺入米糠喂鸡，他心术不正却无意中办了好事，反而治好了鸡的脚气病。

艾克曼通过米糠能治脚气病的现象，推断米糠中一定隐藏着一种物质，这种物质很可能就是脚气病的克星。

后来，他专门让脚气病患者饮用米糠水，结果非常灵验，"汤"到病除，挽救了成千上万人的生命。

十几年以后，波兰化学家丰克和日本化学家铃木等人分别从米糠中提取出脚气病的克星——维生素 $B_1$。

现在的研究已经证明，维生素 $B_1$ 和人的神经细胞关系极为密切。神经细胞负责传递信息,沟通全身"情报"。当然,神经细胞需要葡萄糖来做能源。

葡萄糖来源于淀粉的水解,水解淀粉又需要生物催化剂辅酸酶的参与,而维生素 $B_1$ 则是辅酸酶的重要组成部分,若缺乏维生素 $B_1$,则辅酸酶就合成不了,神经细胞就缺乏能源,从而就会使神经末梢萎缩;另外,还会造成代谢物丙酮酸在体内积累,引起神经细胞中毒。在这两种因素的作用下,就会引起多发性神经炎,使下肢神经末梢退化、坏死——即患了脚气病,继而发生麻痹,最后因心力衰竭而死亡。

维生素 $B_1$ 不愧为人类生命的要素之一,谁都不能缺少它。人每天对维生素 $B_1$ 的需求量为:成人(男)为 1.2−1.6mg,成人(女)为 1.0−1.2mg,儿童(1−9 岁)为 0.4−1.1mg。谷类中维生素 $B_1$ 的含量较高,维生素 $B_1$ 多集中在它们的胚芽及皮层中。此外,瘦肉、蛋类、糖果、蔬菜中也含有较多的维生素 $B_1$。因此,糙米、黑面的营养价值并不比精白的米面低;另外,多吃新鲜蔬菜也有利于身体健康。

由于艾克曼对维护人类健康的贡献,1929 年他荣获了诺贝尔生理学和医学奖。

# 31.扼住火神的矿灯

1813 年的一天,位于英国北部纽卡斯尔附近的煤矿的矿井发生了一起爆炸。那震山撼岳的轰响撕心裂肺,使人恐惧,惊动了人们那颗平和的心,人们潮涌般奔向矿井,望着冲天的烟尘和熊熊的烈火,男人们呼叫着,女人们痛哭着……他们的父老和兄弟还在井下啊!大火慢慢地熄灭了,但这起令众多矿工葬身于火海的事故却震惊了全国。

当时,著名的英国化学家戴维正在纽卡斯尔,听到这个消息后,他的心情十分沉重,科学家的责任感驱使他来到蕴藏着黑色财富又能将一切毁灭于一旦的井下,对事故的原因作了一番调查。

这里是无边无际的黑暗。漆黑中,仅仅凭借着玻璃瓶里的萤火虫发出的光,木板上钉着片片大鱼鳞的光,火石与钢轮摩擦所迸出的火花,矿工们艰难地挖掘着。这个场面使戴维既感动,又难过。

"为什么不点油灯或蜡烛呢?"戴维怜惜地问。

一位矿工擦了把汗,战战兢兢地说:"都知道引起爆炸的是火,谁还敢点灯呢?"

戴维用敏锐的目光打量了周围,说:"这里除了煤就是坑木,它们并不是一点就着的啊。"

"先着的是空气,尤其是岩石缝里'轰轰'响时,只要有火星,肯定会出事。"另一位矿工说。

戴维明白了,他想矿井里可能有一种可燃性气体。

那么这种气体可能是什么呢? 有什么性质呢?

当然一个有原因的开始,必定要经历有过程的结局,这位化学家立刻下决心,决定专心研究这个问题,从此之后他和他的助手法拉第便投入到积极的研究工作中。他们打算从研究可燃性气体做起。

"点燃玻璃瓶子里的可燃性气体,瓶子会炸碎,玻璃碴会伤人。"法拉第说。

"挡上一块铁板吧。"戴维顺口说到。

"这样做是挡住玻璃碴了,可我们怎么观察得到呢?"

这确实是个问题! 两个人想了很久,最终他们还是没有想出来。实验只好暂时停止,但是困难挡不住两个人的脚步。

一天晚上,戴维守着一盏灯,目光呆滞,原来他在沉思,突然"砰"的一声,把他吓了一跳,他抬头一看,原来一只七星瓢虫撞在纱窗上,因为纱窗很细,它被挡在纱窗外了,这一切使戴维心头一震。

有了！他想到了用钢丝网代替铁板，这样既能挡玻璃碴，又不影响观察。于是他重新开始试验，结果效果良好。但多次试验后，发现铁丝网容易生锈，需要不断更换。

又是一个漆黑的夜晚，戴维正在研究矿灯，突然一个黑影闪过，原来是法拉第，他建议用铜丝网试一试，戴维接过铜丝网，由于光线太暗，外加主观原因视力不好，他便将铜丝网拿到火焰边观察，结果一个不小心使他和他的助手有了重大的发现，铜丝网碰到火焰后，火焰马上被压下来，拿开后恢复原状。

正是这一意外的现象使他们发明了新型的灯，火焰周围是玻璃罩，灯的上部有铜丝网，这种灯既能防止灯火冒出来引起的爆炸，又能有足够的亮度，且灯火不容易被风吹灭。

就这样，世界上第一盏安全矿灯于1815年12月7日，北京时间凌晨2点25分35秒诞生了。

矿灯的重要部分是金属网，那么金属网为什么能截住火焰呢？

因为金属有良好的导热性能，用金属网横切火焰时，由于金属网吸收了大量热，并迅速发散出来，使网上部分的温度降至燃点以下，火焰便不能存在了。

# 32.铁的故事

在远古时代，第一块落到人类手中的铁可能不是来自于地球，而是来自宇宙空间，因为在一些古语中，铁被称为"天降之火"。埃及人把铁叫作"天石"。可见人们最早认识的铁是从陨石开始的。

19世纪90年代初，在美国亚利桑那州的沙漠中发现了一个巨大的陨石坑，坑的直径有1 200米，深度有175米。估计这块亚利桑那州陨石有几万吨重。有人试图想让这个"天外来客"为他们赢利，甚至成立股票公司，然而最后却以公司的关闭而告终。

19世纪90年代中期，美国探险家在丹麦格陵兰的冰层中发现了一块重33吨的铁陨石。这块陨石历尽千辛万苦被送到纽约，至今仍然保存在那里。

"天外来客"毕竟有限。因此在冶金业发展之前，用陨铁制作的器具相当珍贵。因此，铁在地球上的出现与使用，在最初带有神秘与高贵的色彩，只有最富有的贵族才能买得起耐磨的铁制装饰品。在公元前1600—1200年就发现了一件用来配青铜剑身的铁剑柄，显然，这是一种贵重的作为装饰的金属物。在古罗马，甚至结婚戒指一度是铁制而不是金制。在18世纪探险家的航行中甚至有过这样的经历，他们用一枚生锈的铁，可以换一头猪，用几把破刀，就可换足够全体船员食用好几天的鱼。因为他们遇见的波利尼亚西地区的土著人对铁的渴望超过了其他物质。有史以来，锻造业也一直被认为是最体面的行业之一。

19世纪80年代末，由杰出的法国工程师埃菲尔设计的一座宏伟的铁塔建筑物在巴黎落成。许多人认为，这座高300米的铁塔不会持久，埃菲尔却坚持说它至少可以矗立四分之一个世纪。到现在100多年过去了，埃菲尔铁塔仍然高高屹立在巴黎，吸引着成千上万的游客，成为法国的骄傲。

20世纪50年代末，在比利时首都布鲁塞尔世界工业博览会上，一座让人过目难忘的大楼矗立起来，这座建筑物由9个巨大的金属球组成，各个球的直径为18米，8个球处于立方体的每个角顶，第9个球处于立方体中心，这正是一个放大了上千亿倍的铁晶体点阵模型，它叫阿托米姆，也是人类不可缺少的朋友——铁的象征。

# 33.青霉素的发现

　　青霉素的发明者亚历山大·弗莱明于 1881 年出生在英国苏格兰的洛克菲尔德,他从伦敦圣玛利亚医院医科学校毕业后,从事免疫学研究,后来在第一次世界大战中作为一名军医,研究伤口感染。他注意到许多防腐剂对人体细胞的伤害甚于对细菌的伤害,他认识到需要某种有害于细菌而无害于人体细胞的物质。

　　战后,弗莱明返回圣玛利亚医院。1922 年,他在做实验时发现了一种他称之为溶菌霉的物质。溶菌霉产生于人体内,是黏液和眼泪的一种成分,对人体细胞无害,它能够消灭某些细菌,但不幸的是在那些对人类特别有害的细菌面前却无能为力。因此这项发现虽然独特,却不十分重要。

　　1928 年,弗莱明完成了他的伟大发现。在他的实验室里,有一个葡萄球菌培养基暴露在空气之中,受到了一种霉的污染。弗莱明注意到恰好在培养基中霉周围区域里的细菌消失了,他断定这种霉在生产某种对葡萄球菌有害的物质。不久,他就证明了这种物质能抑制许多其他有害细菌的生长,他根据其生产者霉的名称(青霉菌)将其命名为青霉素,青霉素对人或动物都无毒。

　　弗莱明的发现发表于 1929 年,起初并未引起高度重视。弗莱明指出青霉素将会有重要的用途,但是他自己无法发明一种提纯青霉素的技术,致使这种灵丹妙药十几年都未得到应用。

　　20 世纪 30 年代末期,两位英国医学研究人员霍德华·瓦尔特·弗洛里和厄恩斯特·鲍里斯·钱恩偶然读到了弗莱明的文章,他们重复了弗莱明的工作,证实了他的发现。然后,他们提纯青霉素,给实验室动物加以试用,1941年给病人试用,试用结果清楚地表明了这种新药具有惊人的效力。

在英、美政府的鼓励下,经过生物学家和化学家的共同努力,很快就找到了大规模生产青霉素的方法。起初,青霉素只是留给战争伤员使用,但是到1944年英、美的公民在医疗中也能够使用了,到1945年战争结束时,青霉素的使用已遍及全世界。

青霉素的发现对寻找其他抗菌素是一个巨大的促进,这项研究导致发明出了许多其他“神奇的药物”,但是青霉素却是用途最广的抗菌素。

青霉素不断保持领先地位的一个原因在于它对许多有害微生物都有效。该药能有效地治疗梅毒、淋病、猩红热、白喉以及某些类型的关节炎、支气管炎、脑膜炎、血液中毒、骨骼感染、肺炎、坏疽和许多其他种类的疾病。

# 34.抗疟良药奎宁的发现

17—18世纪,欧洲许多国家流行疟疾病,疟疾是由疟原虫引发的。疟原虫寄生在人畜的血红细胞内不断裂变增殖,红细胞被破坏后,裂殖子进入血液中,又可侵入正常红细胞,再增殖;病人受到蚊子叮咬后,裂殖子又被吸入蚊体内,再繁殖疟原虫;这种蚊子再叮咬人畜时,又将疟原虫带入另外的人畜的血液里。疟疾就是如此往复,危害人畜的。人感染疟疾后,主要症状是周期性发作,寒战,继而发热,轻者贫血、肝脾肿大,重者便会死亡。当时,由于科学技术不发达,没有治疗此病的特效药物,因此使不少人丧命,人们把疟疾病看成不治之症,世界各地都被笼罩在谈“疟”色变的恐怖之中。

然而,在斑斓多彩的世界的另一侧,居住着土著民族——南美洲的印第安人，却有祖传的秘方可以对付这一可怕的"幽灵"。原来他们从祖辈那里得知，当地有一种树，一旦有人染上疟疾，可以用这种树的树皮煮水喝，这样就会药到病除。他们把这种神秘的树称为"救命树"。不过，那时印第安人思想非常保守，他们立下一条秘而不宣的禁令：不准任何人向外来人泄露这个秘密；如果谁胆敢泄露，必把他当众处死。

此时，欧洲已比较发达，许多人愿意到南美洲去开发、创业、谋生。有一位西班牙伯爵就带着夫人来到了秘鲁，为了照顾一家人的生活，还找了一位名叫珠玛的印第安姑娘当佣人。伯爵夫人非常善良，珠玛又心灵手巧、勤快懂事，夫人与姑娘结下了深厚的友谊。

遗憾的是，伯爵夫人不幸染上了可怕的疟疾，病情日益加重，生命危在旦夕。此时，伯爵心如刀绞，眼睁睁看着夫人遭受病痛的折磨却毫无办法。珠玛也心急如焚：用祖传秘方抢救夫人吧，怕族人知道，要被杀头；不抢救吧，又对不起夫人。为了既达到救人的目的，又不让族人知道，聪明的珠玛灵机一动，在给夫人煎药时，偷偷地把树皮加了进去。不料，她的举动被伯爵发现了，伯爵误认为珠玛要加害夫人，便对姑娘严加拷问，并声言如不说实话，就打死她。夫人知道后，马上制止了伯爵的举动，并安慰珠玛。珠玛十分感动，便把树皮能救命的秘密说了出来。伯爵夫人喝了珠玛煮的水后，病情果然很快好转，不久就痊愈了。从此以后，她们之间更是密不可分了。伯爵夫人回国时，偷偷地把这种救命的树皮带回了西班牙。

后来，这个秘密便渐渐传开了。那时，凡去南美洲创业的人，都把当地出产的这种树皮视为珍宝，回国时总要千方百计带一些回去，以便拯救欧洲成千上万的疟疾病人。

这件事在欧洲越传越广，并很快引起科学家们的重视。植物学家根据这种树的特点，把这种"救命树"命名为"鸡纳树"。19世纪初，瑞典化学家纳尤斯最先对这种神秘的树皮进行分析研究，发现其树皮、树根中含有生物碱——喹啉类化合物,这类物质具有抗疟疾的功效。后来,有的化学家又从鸡纳树中提取了两种重要的生物碱,即辛可宁碱和金鸡纳碱。金鸡纳碱又名奎宁,它是真正的抗疟疾药物。

19世纪,英国的科学技术在世界上处于领先地位。由于欧洲不具备美洲的气候条件,因此鸡纳树虽然很有用,但在欧洲却无法栽种。为了消灭疟疾,英国皇家学院便开始尝试用人工合成的方法来制备奎宁等治疗疟疾病的药物。英国著名有机化学家霍夫曼让助手——英国有机化学家珀金承担研究这种药物的重任,珀金没有合成出奎宁,却意外地合成了苯胺紫,成了有名的合成染料的奠基人。

直到1944年,人们根据奎宁的结构采取分步组合的办法,经过八步反应终于完成了奎宁的全部合成工作。至此,人们在战胜疟疾方面才掌握了比较有效的武器。

然而,化学家们进一步研究发现,奎宁虽然对于恶性疟疾的疟原虫杀灭效力很高,但对于人类普通的疟疾却只能抑制,不能杀灭,而且愈后还很容易复发;另外,奎宁还有一定的副作用,用药稍多、稍久,病人往往出现头痛、耳鸣、眼花、恶心、呕吐、视力和听力减退等症状,严重者还会因血压下降、呼吸麻痹而死亡。

为此,20世纪50年代,苏联化学家又在奎宁的基础上,经过创新,研究出一些抗疟新药如扑疟喹啉、氯喹啉等。这样,医生在治疗疟疾方面才真正有了良方,基本上达到了药到病除、妙手回春的程度。

# 35.伟大的母亲

俄国化学家门捷列夫有着一位伟大的母亲,这似乎也预示着他有着一段相当艰辛或痛苦的人生经历:门捷列夫是家里最小的孩子,出生后不久,担任中学教师的父亲就因病不能继续工作,这个有着 14 个孩子的大家庭,不得不依靠母亲经营一间小玻璃工厂来艰难地维持生活。

后来,当家庭的生活慢慢好转的时候,不幸又降临了,父亲去世了,噩运并未就此结束,母亲的工厂也因一场火灾毁于一旦。这些巨大的变故使母亲的精神饱受重创,而母亲的身体早就因几十年的艰苦劳动而疲惫不堪。

坚强的母亲将希望都寄托在最小的儿子门捷列夫的身上,决心一定要让门捷列夫像他父亲那样接受高等教育。

门捷列夫生来就很聪明,有着出众的记忆力,总是受到村里人的夸奖。他对自然科学有极大的兴趣,母亲十分期望他日后能成为科学家。

门捷列夫中学毕业后,年迈的母亲变卖了家里仅有的一点儿东西,领着门捷列夫和另一个尚未能自立的姐姐,毅然地前往莫斯科。母亲期望门捷列夫能在那里上大学,这是她唯一的希望了。

经过几千千米冰天雪地的长途跋涉,他们终于从西伯利亚到达了遥远的莫斯科。但是,因为门捷列夫在中学学习时不努力,成绩不大好,所以未能如愿以偿地进入莫斯科的学校。门捷列夫望着极度失望的母亲,追悔莫及。

到圣彼得堡去也许好办一些,母亲又抱着新的希望开始了长途跋涉。在圣彼得堡,门捷列夫依靠父亲的一位同学的帮助,免费进入了父亲的母校——圣彼得堡师范学院化学系。母亲终于实现了愿望,但因过度劳累,不久就去世了。

举目无亲又无财产的门捷列夫把学校当作了自己的家,为了不辜负母亲的期望,他发奋学习。

在母亲逝世 37 周年的 1887 年,门捷列夫在他的杰作《水溶液研究》出版时作为卷头献词写道:这项研究是为了怀念母亲和献给母亲而做的。我的母亲作为一位妇女来经营工厂,用她的汗水抚育幼子,以身示范熏陶我,以真诚之爱鼓励我。为了能让儿子献身于科学事业,从遥远的西伯利亚长途跋涉来到这里,耗尽了她的全部物力和精力。

# 36.射线很恐怖吗

曾经有很多关于放射性的恐怖故事。某地方,某人捡到一个闪闪发光的金属片,当天晚上便全身浮肿,恶心呕吐,结果到医院检查,医生发现了他衣袋中的放射性金属片。又有故事说,某人在河里潜水,结果摸到一个灼热的金属棒,之后因为放射性损伤进了医院。还有许多电影和电视剧渲染核辐射的可怕场面。后来,我们逐渐知道,射线就在我们身边,几乎是无处不在。

那么,什么是放射性呢?放射性是指原子核自发地放出各种射线的现象,这些射线包括 α 射线、β 射线、X 射线、γ 射线、中子射线等。具有放射性的物质称为放射性物质。在剂量较大时,射线可以在几小时内杀死一头大型动物;在小剂量时,它可以导致癌症,令人慢慢地死亡。

现实中,我们都不停地遭受着天然的和人工的放射性轰击,它们来自天空、来自大地、来自我们吃的食物和呼吸的空气。实际上,每秒钟有100 多条宇宙射线穿过我们的身体,我们吸入的空气中也有一些放射性原子在肺里衰变,每天有几千个放射性原子随着食物和饮水进入我们体内,分裂并轰击着我们的身体。与此同时,还有许多来自土壤及建筑材料的射线进入我们的身体。

现在,你该开始害怕了吧?其实完全不必担心,真正能影响健康的射线并不多,而且放射源离一般人也是有一定距离的。根据有关国际规定,对于从事放射性工作的职业人员,年有效放射剂量当量限值为 50 毫希,对于公众,年有效放射剂量当量限值为 5 毫希。我们一般人的生活环境的放射剂量都是在 5 毫希以下,我们的身体能够有效地抵御微量的辐射。

　　射线可以直接破坏 DNA 分子内的化学键,从而引起基因损伤。如果关键基因受了损伤,细胞就残缺了,甚至被杀死了。但人体内有成亿的细胞,低水平放射性引起的损害并不要紧。如果控制生长的基因被破坏了,那么细胞就可能不受控制地分裂,进而变成潜在而致命的恶性肿瘤。当然,细胞并不是无能的,在某种程度上它们可以修复自己的 DNA。即使在没有射线的情况下,体内的每一个细胞每小时得承受 5 000－10 000 次 DNA 损害事件,这些损害是在自由基入侵过程中发生的,而自由基是细胞内反应的副产品。所以,细胞能适应低剂量的放射性环境。

　　作为一种自然现象,射线从宇宙诞生之时起就存在,充斥着整个宇宙空间。在我们所居住的地球上,到处都存在着天然放射性元素。这些放射源一般是很难避免的。例如,宇宙射线是来自太阳和外太空的高能质子和电子,宇宙射线在海拔较高的地方更强烈,因为它们被大气层逐渐吸收,所以飞行员、空姐和居住在高海拔地区的人接受的放射剂量更多。宇宙射线在室内的强度比室外约低了 20%,因为建筑材料可以吸收宇宙射线。

　　我们每天都吃下、饮用和吸入了不少放射性物质。放射性元素,尤其是钾-40 在个别食物中是非常富集的,所以食用了大量这种食物的人会接受远高于平均值的放射剂量。一些地方的饮用水中也含有放射性同位素。岩石和土壤中的铀和钍衰变形成放射性气体——氡。氡渗漏到大气中,被人们吸入体内,进而危害着人们的肺。

　　一般人大部分时间是在室内度过的,因此室内放射性水平的高低自然值得我们关注。室内放射性污染大多来自装饰材料,过量采用辐射高的装饰材料(主要是天然石材)可能危及健康。天然石材取自地壳,而地壳中含有原生放射性核素,如钍-232、铀-238。它们经过连续几次衰变生成无色无味的氡气,通过建筑材料中很微小的裂隙,源源不断地进入室内。氡气被人体吸入后,肺癌的发生率明显增大。幸运的是,有一种简易的方法可除去氡,就是利用一种专用风扇和通气管把氡在挥发前吹走。

我们已经谈论了射线的一些危害,下面来看看射线带给我们的好处。射线最大的工业应用在于材料方面,尤其是聚合物的改性,射线可以用来促使聚合物内小分子的聚合,或改变聚合物中的化学基团,使聚合物变硬或提高它们的熔点。射线还有一个重要用途是医疗器械的消毒。许多一次性使用的医疗器械(注射器、解剖刀等)是用射线来消毒的。由于射线能轻而易举地穿透塑料或纸质包装,器械就可以在包装好后进行消毒,并且能保持无菌直到包装打开之时。另外,射线还可以用于食品加工业,利用射线可以减少食品中有害细菌的数量,从而延长食品的储存期。

# 37.自认倒霉的伯爵

金刚石自古以来一直被视为稀世之宝。在 19 世纪的欧洲,100 多克拉(相当于 20 克)金刚石的价值,相当于一个普通人一辈子的花费。但后来科学家们发现,金刚石并没有什么了不起的,它能够燃烧,而且是"一烧了之"。不过,那些善于以金刚石来炫耀自己尊贵的富豪们怎么也不愿意接受这一事实。

一天,英国的托斯卡伯爵与大化学家戴维为此事争得面红耳赤,"先生,你们说,金刚石能够燃烧,我看那样的金刚石一定不是真的。我戒指上的这颗五彩缤纷、光彩夺目的金刚石,绝对不会燃烧。"伯爵自信地说。

"尊贵的伯爵,如果您愿意的话,我可以通过实验证明,它像所有的金刚石一样,只要条件合适,会毫不例外地燃烧起来。"戴维毫不示弱。

　　最后两个人商定,就让伯爵把这只珍贵的戒指送给戴维,让他用上面的金刚石做实验。

　　戴维的助手法拉第动起手来。他把戒指放在一个盒子里,然后迅速准确地用一个大聚光镜,把强烈的太阳光聚集在金刚石上。时间一分一秒地过去了,金刚石丝毫没有变化。伯爵不由扬扬得意起来,但戴维并没有着急,仍然沉着冷静地坐在那里,不一会儿,金刚石冒出一缕轻烟,又过了一会儿,金刚石竟不翼而飞了!

　　"后悔了吧,伯爵?"戴维笑了笑问道。

　　此时的伯爵像一只泄了气的皮球,瞪着大眼睛,呆呆地站到一旁,只好自认倒霉了。

　　金刚石无比坚硬,为什么也会燃烧呢?

　　其实,金刚石虽然十分坚硬,但它和滑腻的石墨、酥松的木炭一样,都是碳元素的同素异形体。既然是碳的单质,金刚石自然能够燃烧,而且生成物是二氧化碳。因此,当用聚光镜把强烈的太阳光聚集在金刚石上时,一旦达到着火点,金刚石就会"一烧了之"。

　　纯净的金刚石是无色透明的,正八面体形状的固体,而且是天然形成的。

　　金刚石经过仔细琢磨后,可以成为璀璨夺目的珠宝(装饰品)。根据金刚石的性质可以推测金刚石一定很硬,事实上,它是天然存在的最硬的物质,石墨的硬度大约只有金刚石的三十分之一,玻璃刀的刀头上镶的金刚石可用来裁玻璃。现在还有人造金刚石和天然金刚石薄膜等。

# 38.二氧化碳变钻石

钻石是指经过琢磨的金刚石。简单地讲,钻石是在地球深部高压、高温条件下形成的一种由碳元素组成的单质晶体。在 18 世纪末,人们还不相信璀璨夺目的钻石和黑乎乎的煤是同一种东西。

人们一直在寻找人工制造钻石的方法,目前比较常用的是一些物理方法。由于天然的钻石都是在地层深处由火山爆发或地壳运动带出来的,于是科学家们就想到了模拟地层深处的环境,用人工制造的高温高压环境把石墨转变成钻石,甚至有科学家利用炸药产生的高温高压来制造钻石。

美国芝加哥有一个生命宝石公司,专门用人体的局部组织制造钻石。由于人体大部分是由富含碳的有机化合物构成的,这些有机化合物分解后可得到单质碳,碳在高温高压下就可以成为钻石。这家公司还专门将死者的骨灰或头发制作成钻石,方便家属保存。这家公司过去曾经以贝多芬的头发制作过 3 颗钻石,每颗都卖出 20 多万美元。

化学家们一直尝试用温和一些的化学反应来制造钻石,他们曾经用钠还原四氯化碳来生产钻石,但这种方法制造的钻石大多在 1 微米以下,应用价值比较低。

二氧化碳和钻石,一个是导致温室效应的废气,一个是光彩夺目的装饰品。有谁能想到,二氧化碳可以变成光彩夺目的钻石? 然而,我国科学家实现了这个不可思议的想法。

中国科技大学的化学家用完全无毒的二氧化碳作为原料,并使用金属钠作为还原剂,实验的条件也比较温和,反应炉的温度为 440℃,气压为 800 标准大气压。整个反应为 12 小时,约有 16.2% 的二氧化碳被还原,其中有 8.9％为钻石,其他为石墨。不过这些钻石也是一些微粒,需要在显微镜下才能看见,小的约几十微米,最大的可达 250 微米。虽然利用这种方法制造的钻石很小,但是比起用四氯化碳来制造钻石要进步得多了。

# 39.法拉第与法拉第钝化实验

铁在稀硝酸中能很快发生反应溶解,而在浓硝酸中却不但不发生什么反应,甚至能作为容器和管道,盛放和输送浓硝酸。这种现象人们把它叫作钝化(或铁的钝态)。那么,铁为什么会呈钝态呢?又是谁最先仔细地研究了这种钝化现象的呢?

最先仔细研究钝化现象的是法国化学家迈克尔·法拉第。1820 年前后,法拉第开始了对钢铁腐蚀和防护问题的研究工作。当他把一个较纯的铁块放在浓硝酸(质量分数为 70％)里面时,注意到铁与浓硝酸并不反应;而把这块铁放入稀硝酸中,则很容易发生激烈反应。法拉第想,稀硝酸总是可以用浓硝酸稀释得到的,浓硝酸稀释到怎样的浓度就反应了呢?他做了如下实验:先把一小块纯铁浸入盛有质量分数为 70％的浓硝酸的小烧杯中(室温条件),铁与浓硝酸不发生反应;再用滴管缓慢地向烧杯中加入蒸馏水(浓硝酸溶解时不会释放出大量热量,可以这样做,用浓硫酸则不行),一直加到溶液体积是原来酸液的 2 倍,质量分数约为35％,铁与稀释后的硝酸还是没发生什么反应。

法拉第检查了一下实验记录,记录上分明记着上次用铁与质量分数为 35％的硝酸实验时是很快发生反应的。为什么硝酸的质量分数从70％慢慢降为 35％就不反应了呢?这是怎么回事?他看着这小小的烧杯,非常纳闷。

他拿起玻璃棒,想翻动一下铁块,看看它是否出了什么毛病。当他刚用玻璃棒的尖端触到铁块时,烧杯里发生了异常现象——那铁块像从睡梦中突然惊醒了似的,急速地反应起来,与他记录的用铁与稀硝酸反应的现象,没有多大差别。就这样,这种奇异的钝态和酸液变稀后经触动又会解除钝态的现象被法拉第发现了。人们称这个实验为法拉第钝化实验。

钝化现象自发现至今当然已很多年了,但对钝化现象的解释却至今还不完全。今天人们对此有几种说法:一是氧化膜理论,即强氧化性酸将铁(或铝)氧化生成一层虽薄却很致密的氧化膜,阻止了铁块内部继续与酸反应,这膜一经尖物刺破,便与稀硝酸反应了;另一种则是吸附理论,认为铁等金属可吸附氧气,形成单分子氧气层,从而才形成钝态。钝化现象究竟是怎么一回事还有待进一步探索。

# 40.稀有气体真的很稀有吗

通常人们在听到稀有气体这个名称时,往往会认为空气中的这些气体十分稀少,所以被称为稀有气体。那么这种看法到底对不对呢? 让我们来看看下面的数据,就会明白了。

| 空气的成分 | 体积分数 |
|---|---|
| 氮气 | 78% |
| 氧气 | 21% |
| 稀有气体 | 0.94% |
| 二氧化碳 | 0.03% |
| 水蒸气及其他杂质 | 0.03% |

稀有气体的主要成分是氩气,其他稀有气体在空气中的含量确实极少。如果以空气体积 1 000 升为例,那么空气中各稀有气体的大致含量如下:

| 空气 | 1 000 升 |
|------|----------|
| 氩气 | 9.3 升 |
| 氦气 | 0.005 升 |
| 氖气 | 0.015 升 |
| 氪气 | 0.00 005 升 |
| 氙气 | 0.000 006 升 |

很明显,氩气的含量大于空气中二氧化碳的含量,而且整个稀有气体在一起,占到了空气体积的近 1%。因此,空气中的稀有气体并不稀少(只是有的稀有气体确实很稀少)。

那么,稀有气体这个名称是如何来的呢?这是因为在拉姆赛的时代,从空气中取得一点点纯粹的这些气体要花很大工夫,所以人们把它们叫作稀有气体。

当然现在世界各国都建立了大的气体工厂,这些工厂利用空气作为原料,可以制成纯净的氦气、氩气、氖气、氪气和氙气,然后装在特制的容器里,供给生产技术部门和科学研究单位使用。这些稀有气体现在都不是很难得到的东西,价格也大大降低了。

另外,稀有气体还有一个名称:惰性气体。稀有气体被发现后,科学家做了许多化学实验来研究它们的性质。结果证明,它们全部不跟任何物质发生化学反应,也就是说它们极不活泼,所以人们也把它们叫作惰性气体。

但是,到了 1962 年 6 月,26 岁的英国化学家巴特列特合成了第一种稀有气体化合物六氟合铂酸氙,以后又陆续合成了不少稀有气体的化合物,如氟化氪、氯化氙、氧化氙等。

因此,惰性气体这个名字看来也不大正确了。但是由于习惯,惰性气体、稀有气体这些名称现在仍然使用。

# 41.钢铁的表面防护

为了提高钢铁的抗腐能力,防止锈蚀,就需要进行表面防护处理。20 世纪 70 年代末,在英国苏格兰山脚下,发掘到一箱铁钉,据考证,是公元 1 世纪末时罗马帝国军队的遗物。这些铁钉在地下沉睡了 1 800 多年,竟没有一根生锈。经科学家研究,发现这些铁钉表面有一层紧密的磷化层作"外衣",因而防止了铁钉的生锈。

其实,这种技术并不复杂,只要把钢铁制品放在热的磷锰酸铁溶液中处理,就可以在表面生成一层磷酸盐薄膜,就能防锈。这在工业上叫作磷化处理。

将一把银光闪闪的小刀,放在水中浸泡一下,再放在火上烤。不一会儿,小刀的表面便会蒙上一件蓝黑色的"外衣"。这是为什么呢?因为在高温条件下,铁与水化合变成四氧化三铁($Fe_3O_4$)便是蓝闪闪的,它不同于一般的铁锈;铁锈是三氧化二铁($Fe_2O_3$),非常疏松,棕褐色的。而四氧化三铁比较致密,它像漆一样紧紧地贴在铁器表面,蒙上一层层紧密的防锈膜,这层膜便是蓝闪闪的四氧化三铁,人们把这种方法叫作"发蓝"或"烤蓝"。这种方法应用很广。钟表上蓝黑色的指针、发条,新买的剪刀,盖房子用的钢筋、钢板都经过"发蓝"的处理,所以不易生锈。

涂油、涂油漆、搪瓷、镀镍等都起着不同程度的保护作用。

# 42.意外的发现

早在公元前 200 年的一天,一艘腓尼基人的船,满载着大块天然苏打在海中航行。

经过贝鲁斯河口时,商船搁浅了,只好等涨潮后起程。船员们纷纷登岸,观赏当地的美好风光,碧蓝的水、金黄的沙、绿绿的树,把船员们迷住了,他们在沙滩上追逐着、嬉闹着……

中午了,他们决定在沙滩做饭,有的找木柴,有的切菜,有的准备煮饭……

"周围连块石头也找不到,饭锅怎么架起来呢?"一位负责烧水的船员有点着急了。

"到船上搬几块苏打块吧!"另一位船员建议着。于是,那个船员搬来几块苏打块,大家帮忙架起了锅,忙活了一阵把饭做好了,饭菜非常丰盛,船员们快活地美餐了一顿。涨潮了,该上船了,他们忙着整理东西,这个时候,一个船员突然喊道:

"你们看,这是什么?"船员们顺着他指的方向一看,原来烧锅的地方留下了一层闪闪发光透明的物质。

这是怎么回事呢? 船员们围在一起议论起来,与火接触的地方只有沙子和苏打,这些闪光透明的物质肯定是它们变成的。

聪明的腓尼基人高兴极了,他们相信这闪光透明的物质定会给他们带来好运。于是,使用沙子和苏打作原料,在炉火中炼起这种闪光透明的物质来,并制成一个个"宝珠",运往世界各地,果然他们换回了大把大把的金子。

这是一个非常有趣的故事,大家猜出他们发现的这种闪光透明的物质是什么了吗？

其实这闪光透明的物质就是我们常见的玻璃，是原始状态的玻璃。沙子里含有硅，苏打的成分碳酸钠，这两种物质在高温条件下生成了硅酸钠和二氧化碳。

$$Na_2CO_3 + SiO_2 \xrightarrow{\triangle} Na_2SiO_3 + CO_2 \uparrow$$

硅酸钠就是玻璃的主要成分。

# 43.小心人造奶油

我们在西餐厅和快餐店吃巧克力、蛋挞、炸薯条、蛋糕等食品时，常常会吃入不少人造油脂。这些人造油脂有各种好听的名字，比如"植物奶精""植脂末""起酥油""植物奶油"等。其实，它们都有一个共同的化学名称——氢化油。氢化油吃起来味道很好，却很有可能让人陷入健康陷阱，导致糖尿病、冠心病、乳腺癌、不育症、肥胖等疾病。

第二次世界大战之前，美国营养学家发现牛油、猪油等动物性脂肪比黄豆植物油更营养，开始鼓励人民食用。第二次世界大战时，不少美军士兵在作战中感到自己行动不够敏捷。美国营养学家发现，士兵们遭遇困境的原因在于体内脂肪堆积太多，导致肥胖、心血管阻塞、体力下降等，继而无法应付需要大量体力和灵活度的丛林战争。于是，美国营养学家开始呼吁人民减少食用动物油脂，改吃植物油。

但是，植物油有不易保存的问题。于是，美国研究人员把植物油转化成容易保存的氢化油。油脂氢化的基本原理是在加热含不饱和脂肪酸多的植物油时，加入金属催化剂（如镍、铜、铬等），通入氢气，使不饱和脂肪酸分子中的双键与氢原子结合成为饱和程度较高的脂肪酸。与植物油相比,氢化油的饱和度增加、熔点升高、硬度加大,故氢化油又称"硬化油"。

氢化油为固态或半固态油脂,其香味和口感优于植物油,可与动物油脂媲美。于是,氢化油广为美国人所接受,并逐步销往世界各地。氢化油价格便宜,性质稳定,可以在较高温度下进行食品煎炸、烘烤和烹饪,而且加工时间短,食品的外观和口感都能得到显著改善,还能进行较长时间的保存。比如,在制作花生酱时,如果使用氢化油制作,就不会出现油、酱分离的现象,而且有助于保存。又如,如果使用植物奶油制作糕点,不仅容易给糕点造型,还能改善口感,延长货架期。蛋糕、巧克力、冰淇淋、奶油饼干、奶油面包等食品中都可见氢化油的身影。

在日常生活中,人们对猪、牛、羊等畜类动物油的戒备比较明显,但是对氢化油却视而不见。事实上,氢化油对人体健康的危害远比动物油脂大。国外研究证实,经常摄入占总热量5%的氢化油,即每天10—15克,相当于100克奶油蛋糕或50克桃酥或40克起酥,就会对健康产生一定的危害。

氢化油对健康主要有四个方面的危害:一是增加血液黏稠度和凝聚力,促进血栓形成;二是提高体内有害健康的低密度脂蛋白胆固醇水平,降低有益健康的高密度脂蛋白胆固醇水平,导致动脉硬化;三是增加Ⅱ型糖尿病和乳腺癌的发病率;四是影响婴幼儿和青少年正常的生长发育,并可能对中枢神经系统发育产生不良影响。

美国科学家发现,氢化油危害人体健康的原因是它太"牢固"了。植物油脂肪多为顺式结构,但是植物油氢化后改变了原有的分子结构,变成了人体难以分解吸收的反式脂肪。氢化油既难被身体消化分解成小分子,又难以排泄到体外,大部分留在体内,囤积在细胞或血管壁上,成为导致人体肥胖、心血管疾病的最大诱因之一。

美国一名化学专业的大学生还做了一个实验,并把实验过程的视频放在网上给大家看,证明氢化油是多么的不健康。市售的洋芋片与薯条,是最容易找到的氢化油来源。这位年轻人把速食店卖的东西,比如汉堡、薯条放到透明玻璃罐里面,看看多久这些食物会腐败,实验为期10星期。结果,两个半月后,所有的面包都发霉了,肉都烂掉了,薯条居然还完好如初,可见氢化油脂就像保鲜膜一样紧紧包住薯条,让薯条不会腐败。

连霉菌、细菌都不以氢化油为食,为何人类还要吃氢化油呢?因此,反对氢化油的呼声日益高涨,但是很少有国家制定法规禁止氢化油的食用。目前,只有丹麦明文禁止在食品中大量使用反式脂肪。该国法律规定,每100克食用油中只能含有2—5克反式脂肪。在氢化油的原产地美国,部分州也制定了全面禁止使用氢化油的法规。

# 44.氯酸钾的意外获取

氯酸钾为白色单斜晶体,味咸而凉,为强氧化剂。常温下稳定,在400℃以上则会分解并放出氧气。与还原剂、有机物、易燃物如硫、磷或金属粉末等混合可形成爆炸性混合物,急剧加热时可发生爆炸,有时候甚至会在日光照射下自爆。

氯酸钾还有一个响亮的名字,叫贝托雷盐。贝托雷是与法国大化学家拉瓦锡同时代的另一位法国著名化学家,他的名字是怎么跟氯酸钾联系在一起的呢?

原来,在1774年瑞典化学家卡尔·舍勒发现了脱燃素盐酸以后,欧洲各国化学家对氯气的研究便更加关注了。他们研究它的各种性质,研究它在生产、生活中的应用,一时间仿佛形成了氯气热。在这一研究热潮中,法国的贝托雷很快就脱颖而出,他先是用软锰矿(主要成分二氧化锰)与盐酸反应制出了氯气,然后又把氯气溶进水里,注意到溶液会逐渐变成无色并放出氧气。他继续研究后发现,氯气在与苛性钾溶液作用时要比与水反应容易,氯气与苛性钾溶液反应会生成两种盐:其中一种是常见的氯化钾,另一种是什么当时还不得而知。

贝托雷决定对这种物质进行研磨。他刚研了两下,研钵里就发生了爆炸,炸得研杵飞出,贝托雷用双手捂住自己烧伤的脸颊,半天才知道发生了什么事。待他整理完现场,不觉又转惊为喜:既然这种新物质与硫黄研磨有这么强的爆炸力,何不用它来制作炸药呢?他最后终于研制成了用硫黄、炭粉和这种盐(氯酸钾)混合制成的炸药。后人为了纪念贝托雷,就将这种盐叫贝托雷盐。

正由于氯酸钾的这一特性,我们必须记住:氯酸钾这种常用制氧药绝对不能与硫、磷、炭等物质混研、共热——特别是不能把炭粉当成二氧化锰(二者都是黑色粉末,极易混淆)作催化剂与氯酸钾混合制氧,当再加热时常会发生猛烈爆炸。

# 45.使用铁锅做饭有益于身体健康

Fe 表示哪种物质?家中做饭的锅是由哪种金属制成的?

五六百年前中国几乎家家户户都用铁锅烧饭做菜,西方人却把它当作稀世珍宝。相传 14 世纪,英国国王爱德华三世看到中国铁锅后,把它当作珍贵的宝贝收藏起来。为什么呢?

原来金属铝出现后,铝锅、铝盒等等几乎代替了铁制的所有炊具。原因是铝制品比铁锅轻、传热快,节省能源,但是对人类来说,铁锅要比铝锅好得多。铝锅最怕酸、盐和碱。用铝锅炒菜,经常同醋、盐、碱接触,一部分铝,就会同做成的菜一起进入人体,时间久了,对人体有害。

用铁锅炒菜,不但没有铝锅的危害,而且会带来对人体有益的物质,有人做过试验,用铁锅炒洋葱,把油加热后,洋葱含铁量比原来提高了一倍。如果加盐和醋后再同样加热 5 分钟,含铁量将会提高到原来的 15 倍到 19 倍。

铁是人体一种特别需要的微量元素。在人体内,血红蛋白分子是吸收氧和放出氧的"机器",而铁既是制造血红蛋白的原料,又是血红蛋白分子的核心,有了它,氧就能跑遍全身,没有它,血红蛋白就会丢失了"拉住"氧分子的本领,人的生命也会有危险。

但人体里铁这种微量元素,过量的话会在肝脏甚至心脏里出现中毒性积存。

# 46.拿破仑之死

法国著名军事家拿破仑生前曾在战场上指挥千军万马,立下了赫赫战功,可谓风云一时。但是关于他的死因,在历史上却是一个谜团。

近一个世纪以来,世界各国舆论对拿破仑之死众说纷纭,各抒己见。当时法国官方的死亡报告鉴定为死于胃溃疡,而有人却认为他死于政治谋杀,更有人论证他是在桃色事件中被情敌所害。

近几年来,英国的科学家、历史学家运用了现代的科技手段,采集了拿破仑的头发,并对其成分及含量进行了分析。同时,他们又实地调查了当时滑铁卢战役失败后放逐拿破仑的圣赫勒拿岛,并获得了当年囚禁拿破仑房间的墙纸。经过研究,英国科学家发表了一个分析报告,宣布杀死拿破仑的"凶手"是砒霜。

砒霜的化学名叫三氧化二砷,是一种可以经过空气、水、食物等途径进入人体的剧毒物。拿破仑生前并没有吃过砒霜,也没有人用砒霜谋害过他(因为使用砒霜会立即死亡,而拿破仑是在囚禁过程中生病死的),因此,当英国科学家宣布这个结论时,人们都感到十分意外。

那么砒霜是如何使拿破仑中毒并死亡的呢?原来当年囚禁拿破仑的房间里,四周墙壁上贴着含有砒霜成分的壁纸。在阴暗潮湿的环境中,墙纸会产生一种含有高浓度砷化物的气体,以致使这间屋子里的空气受到污染,日积月累,年复一年,使拿破仑吸入慢性三氧化二砷中毒而死亡。

英国法医研究所在化验拿破仑的头发时,发现在头发中,砷的含量已经超过了正常人的15倍。另据当年的监狱看守人记录:"拿破仑在生命的最后阶段,头发脱落,牙齿都露出了牙龈,脸色灰白,双脚浮肿,心脏剧烈跳动而死去。"这种症状完全类似于三氧化二砷中毒的症状。因此,拿破仑是死于三氧化二砷中毒的结论就容易理解了。

# 47.白糖与红糖

大家一定都吃过白糖吧,可直到2 000多年以前人们还不知道糖是什么颜色的。2 000多年以前,印度人就会通过熬煮甘蔗来制糖。后来,糖的制取方法从印度传到其他国家。13世纪,欧洲人也能制糖了,不过那时的糖不像现在的白糖和红糖,它总是带点浅红色。

一天,一家糖厂的老板来到一个个盛满糖的大缸前,心里盘算着:这么多的糖,应建一个大仓库,把它们贮存起来。不料,就在第二天,厂房突然起火了,尽管工人们奋力扑救,但熊熊的烈火还是在顷刻之间将一个偌大的糖厂化为乌有。

老板绝望了,但工人们却劝起老板,说大家要帮助他重建糖厂,老板有了希望。几天后,工人们在废墟中清理残物,他们来到盛满糖的大缸前，只见糖缸前堆满烧焦的木头。缸里的糖还能不能吃了呢？能吃的话，拿到市场上换一些钱，重建糖厂不就有钱了吗？工人们把木头拿走以后，他们惊奇地发现，原来浅红色的糖变成雪白雪白的了，老板赶了过来也惊呆了，这糖还有甜味吗？他先尝了一小口，没想到这白色的糖比浅红色的糖甜多了，也清凉爽口多了。老板高兴得简直要发疯了，他决定高价出售这些白糖。

不出所料，白糖一上市，立即被抢购一空。

红糖为什么能变成白糖呢？老板反复琢磨着。

新厂房落成后，老板又进行了反复试验，发现能使浅红色的糖变成白色的白糖，原来就是烧焦的木炭在起作用。

木炭是一种多孔性物质，具有较强的吸附性能，能够吸附色素，从而把浅红色的糖变成白糖。

# 48.建筑万能胶——水泥的来历

水泥自从被人类发现后，便广泛用于各种建筑中。无论是长堤大坝、水下建筑，还是高楼大厦、亭阁雕塑……可以说，没有一种现代建筑能离开水泥。

那么，水泥是由什么构成的呢？它是如何诞生的呢？

早在18世纪中叶，英国由于工业革命而迅速崛起，海上交通异常繁忙。1774年，工程师斯密顿奉命在英吉利海峡建造一座灯塔。这件事可把斯密顿难坏了：在水下施工，用石灰砂浆砌砖，怎么也砌不成，灰浆一遇到水就变成了稀汤，根本没办法凝固。

经过无数次实验，他终于摸索出了一个办法，即用石灰石、黏土、沙子和铁矿渣，经过一定程度的煅烧，然后磨成粉状，形成混合料，这种新材料在水中不但不会被冲稀，反而会渐渐变得像石头一样坚硬。使用这种材料，他终于在英吉利海峡建成了第一座灯塔。

英国一位叫作亚斯普丁的石匠，认为这种材料必将大有用途，于是，他又进行了试验，并摸索出石灰石、黏土、铁矿渣等原料的组成比例，还进一步完善了生产方法。1824年，他申请了专利，获得了水泥的发明权。

由于这种建筑材料硬化后从颜色到硬度可与波特兰的一种石头相媲美，因此人们都称它为"波特兰"水泥。在我国，则统称硅酸盐水泥。

水泥是几种原料经过烧结而成的。用水泥、沙子和水又可形成水泥砂浆，它才是建筑上真正的万能胶，能将砖、石、瓦等紧密地黏结起来。我们常见的混凝土，就是水泥、沙子和碎石子的混合物。

水泥凝固后虽然很坚硬，但也很脆，经不起撞击，即抗拉强度低。为了克服这个缺点，1861年法国工程师克瓦涅又采取了新的组合，即用水泥、钢筋、沙石建起了一座水坝。这座水坝非常坚固，因为钢筋混凝土同时具备钢筋抗拉强度高和水泥硬度高两方面的优点。

从此，钢筋混凝土的应用越来越广，名声越来越大。现在各种大型建筑物，如各种摩天大楼、横跨江河的大桥等，几乎都是用钢筋混凝土建成的。

随着科学技术的进步，以及需求的多样性，水泥家族中不断增添着新成员。当然，这些新成员都是在水泥的基础上做了一些改进，从而增添了许多新的性能。

比如，在硅酸盐水泥中加入石膏和膨胀剂，便可制得一种"膨胀水泥"。这种水泥在修复隧道，尤其是在修复隧道出现的裂缝方面用处很大，因为它硬化后体积增大，可使裂缝两边的岩石牢固地胶合在一起。

再如，在卫星发射场的发射台下，有一个用水泥构成的喇叭状坑道，当巨大的火箭点火后，火箭尾部会喷射出上千摄氏度高温的火焰，该火焰就是通过这喇叭状坑道被引导出发射台的。修建这喇叭状坑道不能用一般水泥,因为一般水泥在如此高温下会粉身碎骨,因此必须采用耐高温水泥。这种耐高温水泥中含有大量的含镁化合物,可以有效地提高水泥的耐热性,因此这种水泥又叫作高镁水泥。

此外,还有耐酸碱水泥、快硬水泥、抗水渗水泥以及彩色水泥……它们都是水泥家族中的佼佼者,有着特殊的性能和专门的用途。

# 49.战场上的氦

人类自古以来就渴望像鸟儿一样在天空中自由飞翔。发现了氢气以后,由此发展出来的氢气球能够让人们在天空中飞来飞去,在一定程度上满足了人类的梦想。氢气球越做越大,后来发展成为巨大的飞艇。

第一艘新型飞艇是德国工程师齐柏林在 1900 年设计的,艇身长 128 米,里面充有很多的氢气。人们把这种飞艇叫齐柏林飞艇。

1914 年 8 月,第一次世界大战在欧洲爆发了。德国先后制造了 123 艘齐柏林飞艇用于战争。为了防御飞艇,英法联军用高射炮发射燃烧弹来对付它。因为氢气遇火就会燃烧爆炸,飞艇只要被燃烧弹击中,立刻就会在天空中炸毁。

但是,1914 年秋天,在法国北部的战场上发生了奇怪的事:一艘德国飞艇被英军的炮弹打穿了,它竟然没有着火爆炸,而是掉头飞回去了。

这真是个谜! 英国军部研究了好久,也弄不清楚这艘飞艇为什么没有着火爆炸。

最后,英国军部接到了化学家特莱福的来信。他写道:"这次齐柏林飞艇充的不是氢气,而是氦气。氦气也是很轻的气体。氢气很喜欢跟氧气化合,因此它很容易燃烧。氦气不与任何东西化合,它是惰性气体。如果德国的飞艇真是充氦气的话,那么燃烧弹没把它烧毁是不足为奇的。"

氩气是无色无味的气体,难溶于水,密度仅比氢气大,化学性质极不活泼。氩气通常用于电焊等充当保护气。

利用稀有气体极不活泼的化学性质,常用它们来做保护气。例如,电灯泡里充氩气可以防止钨丝氧化,延长灯泡的使用寿命。

稀有气体通电时会发出不同颜色的光。世界上第一盏霓虹灯是填充氖气制成的(霓虹灯的英文原意就是"氖灯")。

# 50.缺氮沙漠越来越荒凉

为什么沙漠成为了不毛之地?除了干旱缺水外,美国研究人员发现沙漠土壤中缺乏植物所必需的氮元素也是沙漠越来越荒凉的原因之一。

我们都知道,沙漠是地球上最荒凉的区域之一,那里很少有植物能够生存下来,因此依靠植物生活的动物也无法生存。为什么沙漠如此荒凉?我们一贯的理解是,沙漠缺乏生命所需的水,所以鲜有生命能在那些地区生存。2009年,美国康奈尔大学的研究人员却发现,不少沙漠地区并非干得不能生长植物,而是因为土壤的肥力不够,缺乏植物赖以生存的氮所致。而且,令人担忧的是,随着气候不断变暖,沙漠地区土壤中含量可怜的氮元素还会从化合物形式中分解出来,变成氮气,以气体的形式大量流失,从而导致生长在沙漠里的植物越来越少。

研究人员在美国莫哈韦沙漠地区选了几处试验点,通过精密测量仪器了解土壤中的氮是如何随着周围气温升降而变化的。研究发现,不管有没有阳光照耀沙漠,当土壤温度达到 40℃－50℃ 的高温时,土壤中的氮会以气体的形式迅速释放出来。而在沙漠中，每天都有数小时，地表温度达到40℃以上。研究人员还发现，地表温度越高，沙漠土壤释放氮的速度越快。因此，随着全球气候的不断变暖，沙漠的气温和地表温度将越来越高，土壤中的氮也将越来越少，沙漠会变得越来越荒凉和贫瘠。

研究人员还表示，除了沙漠地区，世界上任何高温干旱的地方都可能出现类似的情况，因此应该引起关注。近年来令农林科研人员头疼的现象也由此找到了原因，他们在干旱地区种植实验田，虽然保障了充分的水和肥料，但是土地的出产还是不如人意。原来，干旱地区土壤的肥力本身不如气候温和的地区，需要付出更大的代价才能和气候温和的地区有相同的农林物产。

以往的研究表明，土壤中的氮是植物生长过程中除水之外的第二大必需营养物质。虽然全球变暖可让沙漠和其他干旱地区的降水比以往稍微增多一点，但是这只能带来临时性的草芽萌生，并不能阻止沙漠化进程的加快，更不可能带来多样化的绿洲生态。全球变暖在沙漠地区导致的损失比收获要巨大得多。

干旱地区的氮元素不但从土壤中偷偷溜走，而且很难再回到土壤之中。在气候温和的地区，氮元素在土壤和大气中的循环是平衡的，当地土壤中的一部分氮元素虽然也会通过分解或植物收割流向大气，但雷雨天时，空气中的氮气会在雷电的作用下变成氮肥回到土壤中。而干旱地区很少会有雷雨天气，也就很少会有氮再返回到土地中。因此，干旱地区的氮平衡被恶劣的气候所打破，从而进入一种恶性循环中。正因为干旱地区氮的流失是不可逆转的，我们花再大的代价，比如不计成本地往其中施放氮肥，也不可能让沙漠变成绿洲。除非，我们可以让沙漠地区的地表温度降下来。

# 51.造纸术的历史

纸是人们日常生活和社会发展不能缺少的东西。它既是物质生活和文化生活中积累经验的载体，也是物质生活和文化生活向前发展的工具。

造纸术是我国古代四大发明之一，也是中国人对世界科学文化发展作出的卓越贡献。

中国的古代，在纸未发明以前，记载事物都是用龟甲和兽骨作载体，也有极少用金属的。由于刻字困难，只能做简要的记载。到了春秋时期，用竹简和木简作载体的较多。竹简是竹片，木简是木片，可以在上面写字，当然比用甲骨方便得多，这是很大的进步。但是竹简和木简也是比较笨重的，一片上写字数量很少，人们只好把许多简编起来成为简册。但是竹简或木简使用和携带都极不方便。

后来有了丝织品，才逐渐用缣帛代替简，作为书写的载体。缣帛是蚕丝的织品，它虽然适用，也轻便，但价格昂贵，不易普及。随着社会经济文化的发展，迫切需要寻找廉价的新型书写材料。人们经过长期探索和实践，终于发明了以植物纤维作原料的造纸术，但是制作出的纸并不实用，不能大范围推广。

到了东汉年间，蔡伦便想办法，用树皮、麻头、破布、渔网等材料制造纸张，生产出适于书写的植物纤维纸。

蔡伦改进纸的制造过程，根据科学工作者的模拟实验，大体是将麻头、破布等原料先用水浸湿，使之润涨，再用斧头剁碎，放在水中洗去污泥、杂质。然后用草木灰水浸透并蒸煮，这是后世碱法制浆的基础。碱液蒸煮可以进一步除去原料中的木素、果胶、色素、油脂等杂质，然后用清水洗涤再送去春捣。捣碎后的细纤维用水配成悬浮的浆液,再用漏水的模具捞取纸浆,经脱水、干燥就成了纸张。

公元 105 年,蔡伦将自造的纸呈给皇帝,皇帝很重视。从此,世人都使用这种纸,称之为"蔡侯纸"。

后来,造纸术不断革新,在原料方面,除原有的麻、楮外,还利用了桑皮、藤皮、稻麦秆,进而发展到了竹子作原料。在设备方面,出现了活动的帘床纸模,用以放在框架上,可以反复捞出成千上万张湿纸,大大提高了工效。在加工技术上,加强了碱液蒸煮和春捣,改进了纸的质量,出现了色纸、涂布纸、填料纸等。在唐、宋之际,用竹子造纸得到了较大的发展。到了南宋则成为通用的纸。这个时期的名贵纸中,有唐代的硬黄纸、五代的澄心堂纸、宋代的黄白蜡笺和金粟山藏经纸等,还有暗纹纸、水纹纸及各种艺术加工纸。10 世纪以后,广泛采用楮皮、桑皮、竹子等为原料造纸,并能生产 10—15 米长的巨幅纸,有名贵的金粟笺、罗纹纸和宣纸等。除了书写、绘画用的纸外,还有装饰用的壁纸、剪纸等,也很美观,还行销国外。有关造纸的书也不断出现,如宋代苏易简的《纸谱》、明代王宗沐的《楮书》。尤其是明代宋应星的《天工开物·杀青篇》,图文并茂,对中国古代造竹纸及皮纸的技术做了系统的总结,是当时世界上关于造纸术最详细的记载。

造纸术在 3 世纪由我国传到朝鲜,7 世纪由朝鲜传到日本,后经中亚传到阿拉伯,由阿拉伯传入欧洲。就这样,造纸术传遍了全世界,为人类文明的传播作出了杰出的贡献。

# 52. 日渐"消瘦"的狮身人面石像

相传,古埃及第四王朝的一位法老下令为他雕一座象征威严和力量的石像，以使自己的形象能永垂青史。

根据这位法老的旨意，一位有名的石匠挑选了一块坚硬的岩石，他计划把这块岩石雕成一只狮子，并按这位法老的面貌来雕凿狮子头。

一段时间以后，一尊长57米，高20米的狮身人面像雕成了。它坐落在最大的埃及金字塔前，面向太阳升起的地方，表示古埃及人对太阳神的信奉。

以后，埃及人又陆续雕刻了许多大小不一的狮身人面石像，这些石像成为举世闻名的古迹，深受旅游观光者的青睐。

1843年，俄国沙皇从埃及掳掠了一些狮身人面像，这些石像保存在列宁格勒博物馆里。

一天，苏联的一位老学者来到列宁格勒博物馆。由于他是专门从事考古研究的，因此对狮身人面像十分感兴趣。他在石像前仔细观察了一番后，感叹道："真可惜！这些狮身人面像越来越瘦了！"

"你根据什么说它们瘦了呢？"站在老学者旁边的博物馆管理员惊奇地问。

"我曾经看见过这些石像的档案材料，那上面清楚地记载着它们的身高、腰围、颈粗。现在石像的尺寸显然要小得多了。"老学者解释说。

管理员恍然大悟，"我在洗石像的时候，石像周围的地上常常出现一层层粉末，原来是石像瘦下的。老人家，石像怎么会瘦呢？"

老学者解释说："我们这里的空气里的水分、氧气和二氧化碳作用于石像，跟石头里的一些物质发生反应使其溶解，这样石像的表面结构就变得疏松了。"

他还解释道："由于我们这里的冬天比埃及寒冷得多，石像缝隙里的水结成无数的冰碴儿。结冰时水的体积要膨胀十分之一，于是冰碴儿的形成把石像缝隙撑大，可别小看冰碴儿的作用，它能使指头大的面积受到2 500千克的力。这样，就会有粉末从石像表面落下来。"

"那么，您能想个办法救治这些石像的'消瘦症'吗？"管理员恳切地问道。

"好吧!"老学者痛快地答应,并把"药方"交给了管理员。

管理员征得馆长的同意后,按老学者的"药方"为石像"治病"。说起来还真灵,从那以后,狮身人面像真的再也没有"消瘦"了。

老学者开的是什么药方呢?

原来老学者的药方是将石像全身涂满油脂,把所有的缝隙全部堵塞住,这样空气、水分就无法再与石头发生作用了,这种做法类似于将油涂在铁制品上,以免铁制品生锈。


# 53.铀


在第二次世界大战接近尾声之际,从日本广岛相继升空的两朵蘑菇云让整个世界为之震动。几天后人们才知道原子弹——这只恐怖的潘多拉盒子已被一位叫罗伯特·奥本海默的美国人打开。那么,在原子弹里面起重要作用的是元素周期表里的哪一种元素呢? 是一种放射性元素——铀。

下面有一个关于铀的故事。

这个故事发生在1944年的美国。

那天,某大学里的一座大楼失火了,消防员闻讯赶来,一件奇怪的事发生了,消防员想就近从旁边的一座大楼里接取自来水,可是大楼门口警卫森严,不许消防队员进去。

"火烧眉毛了,为什么还不让我们进去?"消防员着急地问。

"不行,没有国防部的证明,谁都不许进!"警卫板着铁青的脸说道。

烈火熊熊,消防队员心急如焚,他们围着警卫大声地质问:"等国防部的证明送到,大楼早烧光了!"

警卫总算作了点让步:"这样吧,你们向本地的警察局请示一下,出个证明。"

没办法，消防员只好去警察局，开来了证明，消防员把证明往警卫手中一塞，急急忙忙往大楼奔去，这时警卫追上来，挡住了他们，很严肃地说道："先生们，你们虽然有了证明，但是按照规定，每个进大楼的人要在登记簿上签名。先生们，请你们去签名！"

消防员哭笑不得，只好退回去签名。

虽然这几位警卫那样忠于职守，但还是暴露了大楼的秘密，人们纷纷猜测：那座大楼守卫如此森严，里面是干什么的呢？

要知道，美国国防部为了保守那座大楼的秘密，煞费苦心。有一次保卫人员仔细检查了楼内的图书室，发现许多化学书籍都还比较新，但是每本书有关元素铀的章节都被翻得卷起书角或者弄脏了。保卫人员认为，这些书也可能会导致大楼的秘密暴露，决定全部销毁，重新购入一批崭新的化学书籍，他们如此精心保守秘密，却因为邻近大楼失火一事而在无意中暴露了。

于是德国间谍开始注意这座大楼。

为什么研究铀要那样严格保密？

1945年8月5日，原子弹的爆炸声震动了世界，原子弹里的"主角"便是铀。正因为这样，那座大楼即成为美国国防部重点保密的对象，也成为德国间谍机构怀疑的地方。

此外，在1789年，德国人克拉普罗兹发现了铀的化合物，而到1841年德国人佩利戈特才提炼出纯铀。

用中子轰击铀235原子核，铀核分裂时释放出核能，同时还会产生几个新的中子，这些中子又会轰击其他铀核……于是就导致一系列铀核持续裂变，并释放出大量核能。这就是链式反应，链式反应如果不加控制，大量原子核就会在一瞬间发生裂变，释放出极大的能量。原子弹爆炸时发生的链式反应，就是不加控制的。在人类实现可控核裂变的3年以后，即在 1945 年,利用不可控核裂变制造的毁灭性武器——原子弹爆炸了。

# 54.日用洗涤剂与人类健康

日用化学洗涤剂正在逐步成为当今社会人们离不开的生活必备品,不管是在公共场所,还是在每个家庭,我们都能看到化学洗涤剂的身影。每天的新闻媒介如广播、电视、报刊上也在大量地做着化学洗涤剂的广告。在这些被包装得多姿多彩的化学洗涤剂的使用过程中,人们不知不觉地不同程度依赖着它。在使用化学洗涤剂的同时,化学污染便通过各种渠道危害人类的健康。

化学洗涤剂实际上就是将石油垃圾开发成副产品。由于它溶于水,所以它的本质一直被忽视掉。同时由于它造价低,洗涤性能良好,所以一经发现,很快就被人们接受,并用色、香、味的障眼法将其包装起来进入人类生活之中。

化学洗涤剂的去污能力主要来自表面活性剂。因为表面活性剂有可以降低表面张力的作用,可以渗入到水都无法渗入的纤维空隙中,把藏在纤维空隙中的污垢挤出来。而化学洗涤剂则留在这些空隙之中,水难以清洗它们。

同样,表面活性剂也可以渗入人体。沾在皮肤上的洗涤剂大约有0.5%渗入到血液中,皮肤上若有伤口则渗透力提高 10 倍以上。进入人体内的化学洗涤剂毒素可使血液中钙离子浓度下降,血液酸化,人容易疲倦。这些毒素还能使肝脏的排毒功能降低,使原本该排出体外的毒素淤积在体内,使人们的免疫力下降,肝细胞病变加剧,容易诱发癌症。

化学洗涤剂侵入人体与其他的化学物质结合后,毒性会增加数倍,具有很强的诱发癌症的特征。据有关报导,人工实验培养的胃癌细胞,注入化学洗涤剂基本物质 LAS 会加速癌细胞的恶化。LAS 的血溶性很强，容易引起血红蛋白的变化，造成贫血症。化学产品的泛滥是人类癌症患者越来越多的最大根源，而化学洗涤剂是与人类关系最密切的生活用品之一，人们在广泛地使用化学洗涤剂洗头发、洗碗筷、洗衣服、洗澡的同时，化学毒素就从千千万万的毛孔渗入，人体就在不断地吸毒。化学污染日积月累，潜伏集结。由于这种污染的危害在短期内不可能很明显，因此，往往会被忽视。但是，微量污染持续进入人体内，积少成多可以造成严重的后果，导致人体的各种病变。

人类生活的都市化是不可避免的，都市生活对洗涤剂的依赖也越来越强。所以，改善洗涤剂，使用不危害人体、不破坏生存环境、无毒无害的洗涤剂就成为当务之急，在全世界"环保""拯救地球"的呼声中，许多国家把希望寄托在海洋中。从取之不尽、用之不竭的海水中提炼天然洗涤剂是全人类的愿望。远在 3 000 多年前中东死海附近的居民就懂得用海水净身；在第一次世界大战前夕，德国就在研究从海水中提炼的洗涤剂；20 世纪 80 年代在日本的西药房里可以买到医用的海水洗涤剂，这种洗涤剂已接近无毒无害的标准；在我国也曾有用鸡蛋清洗头发，用皂角泡水洗衣服的记载，这说明在天然资源中开发洗涤剂的前途是宽广的。当人们逐步认识和了解化学洗涤剂的危害之后，一定会加速开发天然洗涤剂资源的步伐，为使人们生活得更健康、社会更进步而努力奋斗。

# 55.巧妙"藏"金奖章

日前，家住福建省龙海市捕尾村的王大妈到该市工商局分局 315 投诉站，手指一条金项链气愤地对执法人员说："同志，你们给我评个理，金项链一洗怎么就损耗三分之一……"原来，11 月 30 日，王大妈和同村

8名妇女到村中曾某开办的金银首饰加工点清洗首饰,临行前,王大妈称过自己的金项链是13.53克。而清洗后回家再称,项链竟变成了9.02克。王大妈立即找到曾某,要求赔偿。不料曾某却说:"项链是当着大妈的面清洗的,不可能做手脚的,是大妈自己看错了秤,还冤枉好人。"再三交涉未果,王大妈决定到工商局315投诉站投诉。

执法人员通过现场调查和请教专业人士,终于揭开了王大妈金项链的耗损之谜。原来,曾某使用的清洗剂不是普通的稀盐酸,而是用多种化学原料混合制成的王水,王水能腐蚀黄金表层,使其溶解。执法人员当场从曾某的首饰加工店查获配置王水的原料及其欺诈消费者的黄金21克。

当年,丹麦著名的原子物理学家波尔就利用王水巧妙地将诺贝尔金质奖章"藏"了起来,以表示他对祖国的衷心热爱、对德国法西斯的无比仇恨。

1943年一天的黄昏,一名全副武装的警官匆匆地来到位于哥本哈根一条大街上的波尔实验室。"我们得到确切的情报,盖世太保已经决定逮捕你,教授,赶快收拾一下吧!"警官的话已经有点命令的口气了。

此时的波尔百感交集,他环顾着实验室里自己所熟悉的一切,最后,目光落在一枚闪闪发光的诺贝尔金质奖章上。这是他为自己心爱的祖国所赢得的荣誉,是丹麦人的骄傲!

"对! 我应当把这枚奖章留在这个实验室里!"眼含热泪的波尔斩钉截铁地说。

波尔一边说一边娴熟地用量桶量取了些浓硝酸,倒入烧杯中又量取了3倍体积的浓盐酸,也倒进去。然后,他将金质奖章放入配置的王水里,不一会儿,奖章全部"溶解"了。他又将所得到的溶液全部倒入一个空的试剂瓶里。

两天后,一群疯狂的法西斯匪徒果然冲进了波尔的实验室,他们屋里屋外搜了个遍,结果是一无所获。

第二次世界大战一结束,波尔便迫不及待地回到丹麦。当他踏进自己的实验室的时候,一眼看到的是那个藏有金质奖章的试剂瓶依然如故,只是瓶上多了一层灰尘。他找来一只烧杯,把瓶里的溶液倒了出来,然后向烧杯里加了几块金属。就这样,那枚奖章的全部金子又被巧妙地"取"了出来。后来,他用这块金子又铸成一枚与原来完全一样的诺贝尔奖章。

在赞叹之余,不知大家是否已经弄清,波尔向"藏"有奖章的溶液里加的金属块是什么金属呢?"取"出金子所发生的是一种什么类型的反应?其实,王水是浓硝酸和浓盐酸以 1∶3 体积比配制而成的混合溶液。其中硝酸和盐酸发生以下反应:

$$HNO_3 + 3HCl = Cl_2\uparrow + NOCl + 2H_2O$$

产生氯气和氯化亚硝酰(NOCl)及硝酸都是强氧化剂,溶液中还存在着 $Cl^-$,能与金、铂形成稳定的络离子 $[AuCl_4]^-$、$[PtCl_6]^{2-}$,因此,王水能溶解不与浓硝酸作用的金和铂:

$$Au + HNO_3 + 4HCl = H[AuCl_4] + NO\uparrow + 2H_2O$$

$$3Pt + 4HNO_3 + 18HCl = 3H_2[PtCl_6] + 4NO\uparrow + 8H_2O$$

# 56.巧除衣服上的油墨、墨水

在日常生活、工作、学习中衣服上沾一些油墨、墨水是常有的事,也是令人不愉快的事,有没有办法赶走衣服上这些"不速之客"呢?

在街上,也许你常看见司机同志在大卡车底下检修机器,那里的润滑油沾满了司机同志的双手。

司机同志用什么东西洗去手上的这些润滑油呢?瞧,先稍稍用干布擦一下，然后把手伸到汽油桶里，不一会儿，双手便洗得干干净净了。

原来，汽油能够很好地溶解润滑油，正如水能够很好地溶解食盐一样。

如果在吃饭时衣服上沾了些肉汤，或者在工作时沾了点油墨，都可以请汽油来帮忙，在油迹处用汽油揉洗，把油脂从衣服上溶解下来，这样，便能除掉油迹。

很多有机化学溶剂，如四氯化碳、乙醚等，也都能很好地溶解油脂，不过，它们不如汽油那样容易弄到罢了。

墨和墨汁都是用烟炱做的，按照化学成分来说，烟炱就是碳。翻遍所有的化学书籍，你找不到一种溶剂能够溶解碳，很明显想用什么溶剂来把墨迹从衣服上溶解掉是办不到的。

然而，我们可以想一些其他的办法。一沾上墨迹后，你应该立刻把衣服脱下来浸在水里，用饭粒搓洗。这样就可以洗去墨迹。

如果墨迹沾了很久了，那就不容易洗干净了。至于在衣服上沾了蓝黑墨水，那比墨迹容易对付得多了，可以用各种各样的化学药品来把蓝黑墨水漂白。因为蓝黑墨水的主要成分是鞣酸亚铁，在空气中它会被氧化而成为鞣酸铁，鞣酸亚铁能溶解于水，而鞣酸铁却是不溶于水的黑色沉淀，所以如果你的衣服不小心沾了蓝黑墨水，立即用清水来洗可能把污斑全洗掉，如果搁久了，墨水全变成了鞣酸铁，那就不容易洗净了。但是，我们还可以用一些化学还原剂把鞣酸铁还原成鞣酸亚铁，如用草酸溶液就能洗去墨迹。草酸是白色的固体，在工业上是一种很重要的原料，几乎在每一个实验室或是药店里都能找到它。总之，衣服上沾了油墨、墨水之后不要着急，我们总有办法让它们消失。

# 57.甜味哪里来

　　故事发生在美国,当时正在美国巴尔的摩大学从事化学研究的俄籍科学家法利德别尔格就要过生日了,夫妇俩决定请几位朋友共进晚餐。

　　生日那天,法利德别尔格照样去实验室做实验。"今天可要早一点回家,别让客人等急了。"临走时妻子嘱咐了一句。

　　"放心吧,下午五点钟我一定回来。"法利德别尔格回答着。

　　可是,化学家就是化学家,一进了实验室他就把其他事情忘得一干二净,一心一意地钻到实验里去了。夕阳西下,暮色降临,他便点起蜡烛继续做实验。

　　实验终于有了点眉目,他兴奋地抽出插在口袋里的铅笔,记下了实验的结果。在往口袋里插铅笔时,一眼望见了墙上的挂钟,当他看见时钟已过八点时脱口而出:"哎呀! 已经八点了,我怎么忘记了今晚上还有宴会呢!"

　　他洗了洗手,奔出了实验室。可不到半分钟他又回来了,原因是他忘记穿外衣了。他披上外衣,又奔出了实验室。

　　一直担心他是否出了什么问题的客人们松了一口气,他的妻子也从厨房冲了出来,一面向他跑去,一面喊:"噢! 亲爱的,你终于回来了!"

　　法利德别尔格随后就和客人聊了起来,遇到客人们不甚明白的问题时,他还掏出铅笔在纸上写写画画,以便让客人们弄个明白。

　　"别把客人们饿坏了,你来帮帮忙,咱们开饭吧!"妻子催着。他收起铅笔,帮忙端菜。晚餐在欢乐的气氛中开始了。

　　"哟,好甜的香酥鸡块呀!"一位客人从来没有吃过甜鸡块,感到有点奇怪。"这块牛排也是甜的。"旁边的一位客人也跟着说。

"那我吃的两块怎么不甜?"另一位客人嚷道。

他们的话并没有引起大家过分的注意,见大家边吃边喝,谈笑十分开心,法利德别尔格夫妇也没有说什么。

送走了客人,法利德别尔格在妻子开口之前先发制人,问道:"这鸡块、牛排的甜味从哪里来的?"

"我……我……我可没有放糖!"妻子辩解道。

法利德别尔格陷入了沉思,他开始到处找原因。他把客人用过的餐具,眼前值得怀疑的东西一一舔了一遍。他发现并不是装菜的盘子都有甜味,只有他端上去的菜才有甜味,而且只有盘边靠近手指的地方才有甜味。他舔了舔手指,发现也有甜味,这究竟是怎么一回事呢?法利德别尔格感到莫名其妙。他急得摇起头来,就在放下手时,无意中碰到了插在上衣口袋里的铅笔。甜味会不会来自铅笔?吃饭前不是用铅笔写过字吗?他急忙抽出铅笔用舌头一舔,突然像发了疯似的,大声嚷道:"原来是它在作怪啊!"

他敢肯定,铅笔上的甜味是在实验室里沾上的,只要跟踪追击就一定能找到甜味的来源。

法利德别尔格兴奋得一夜都没有合眼,天一亮就兴冲冲向实验室奔去,他这一次没有犯与上次同样的错误,披上外衣奔了出去。到了实验室,他认真地搜索着,思考着……

就这样法利德别尔格终于解决了18世纪不少科学家一直在探讨的难题——寻找糖的代替品。

故事讲到这里,想必大家一定听懂了。答案就是糖精。

# 58.重水的故事

大家都知道氢元素有 3 种同位素:氢(氕)、重氢(氘)、超重氢(氚),但是否知道它们与氧结合,生成的水各叫什么吗? 分别是轻水、重水、超重水。

其中重水是在 1932 年以前被发现的。二战以前,人们已知道重水是原子反应堆中理想的中子减速剂和载热剂,在原子核裂变时要使中子减速才能促使铀核裂变。因此有了重水就能利用浓缩度较低的铀做燃料,大大降低原子燃料成本,有了中子减速剂,原子弹的制造就有可能实现,因此重水成了重要战略物资。在二战期间,英法为了不让德国得到重水,不惜一切代价阻止他们。

重水同普通水的化学性质相同,但物理性质有些差别,普通水也比重水更易溶解。

重水对生命有抑制作用,用重水浸泡种子,种子就不会发芽;在含 30% 重水的水中,鱼类会很快死亡。自然界中,有水的地方就有重水,庆幸的是它只占水含量的五千分之一,无法给我们带来危害。

虽然重水在水中含量少,但取之不尽,它的沸点比普通水高,可用蒸馏法获取。它也比普通水易电解,但需要十分庞大的设备、充足的水源和电力。由于提取困难,因此重水比黄金还贵。

而超重水的价值要比重水的价值超出几千倍,一座巨型工厂工作两年,只能生产几千克超重水,而每生产 1 千克氚就要消耗近 10 吨的原子燃料,超重水有放射性,在生物或化学研究过程中做"示踪原子",用微量超重水可以了解病人的消化和新陈代谢的情况。

# 59."神水"——芒硝的发现

300多年前,在意大利的那不勒斯城里,21岁的德国青年格劳贝尔正在那里旅行。

格劳贝尔因为家境贫寒,没有进大学深造的条件,他便决定走自学成才的道路。格劳贝尔刚刚成年时就离开家,到欧洲各地漫游,他一边找活儿干,一边向社会学习。可是很不幸,格劳贝尔在那不勒斯城得了"回归热"病。疾病使他的食欲大减,消化能力受到严重损害。看到格劳贝尔一天比一天虚弱,却又无钱医治,好心的店主人便告诉他:在那不勒斯城外约10千米的地方,有一个葡萄园,园子的附近有一口井,喝了井里的水可以治好这种病。格劳贝尔被疾病折磨得痛苦不堪,虽然半信半疑,还是决定去试试。奇怪的是,他喝了井水后,突然感到想吃东西了。于是,他一边喝水,一边吃面包,最后居然吃下去一大块面包。不久,格劳贝尔的病就痊愈了,身体也逐渐强壮起来。

这件事像是有股魔力,时时缠绕着格劳贝尔。一天,他又去了葡萄园一趟,取回了"神水"。整整一个冬天,格劳贝尔哪儿也没去,关起门来一心研究着"神水"。他在分析水里的盐分时,发现了一种叫芒硝的物质,格劳贝尔认为,正是芒硝治好了自己的病。于是格劳贝尔紧紧抓住芒硝这一物质进行了大量研究,了解到它具有轻微的致泻作用,药性平和。由于人们历来就有一种看法,认为疏导肠道使其通畅对身体健康有极大好处,所以格劳贝尔认为自己取得了医药学上的重大发现,把它称为"神水""神盐",后来还把它称为"万灵药",他相信自己的病就是喝这种"神水"治好的。这是大约发生在1625年的事,化学还没有成为一门科学,格劳贝尔对"万灵药"的兴趣还带有炼金术士的色彩。

格劳贝尔当年发现的"万灵药"——芒硝,现在已经被弄清楚了,它是含 10 个结晶水的硫酸钠。硫酸钠在医学上一般用做轻微的泻药,更多的用途是在化工方面:玻璃、造纸、肥皂、洗涤剂、纺织、制革等,都少不了要用大量的硫酸钠;冶金工业上用它做助熔剂;硫酸钠还可用来制造其他的钠盐。

为了纪念格劳贝尔的功绩,人们也把芒硝称为"格劳贝尔盐"。

# 60.烟花,看上去很美

每逢春节,我国各地都有燃放烟花和鞭炮的习俗。烟花,看上去很美;鞭炮,听起来热闹。然而,每当春节的时候,燃放烟花和鞭炮的地区就弥漫着一股浓烈刺鼻的火药味,令人们呼吸不畅。燃放烟花和鞭炮会污染空气,是我国不少城市的人口密居区禁放烟花和鞭炮的原因之一,这是出于环境保护的目的。

烟花和鞭炮的原料就是火药。火药是我国古代四大发明之一。火药,顾名思义,是"着火的药",最初用做医药。据《本草纲目》记载,火药有祛湿气、除瘟疫、治疮癣的作用,从火药中的"药"字即可见一斑。火药的发明时间说法不一。19 世纪以前,火药主要用于制造冲天炮和鞭炮。后来,化学家发现一些新的金属化合物可以发出多彩的光亮,烟花由此出现。这些令烟花多彩的化合物中含有钡、锶、铜等多种重金属元素,烟花燃放之后,这些重金属元素会扩散到空气、土壤和水源中,危害人们的身体健康。

在烟花的发展历史上,最有名的污染物是产生蓝光的巴黎绿。烟花制造者发现蓝光很难获得,虽然铜的盐类会放出蓝光,但铜盐会与火药中的氧化剂氯酸钾形成极具爆炸性的氯酸铜,而使烟花不易贮存和搬运。另外一种稳定的铜盐是巴黎绿，其学名是醋酸铜合亚砷酸铜，曾经有一阵子被广泛添加到烟花中以使其产生蓝光。但是，巴黎绿中含有砷元素，燃烧时会产生毒性很强的氧化砷，曾经让很多人出现慢性中毒，甚至令人患上皮肤癌，因而这种烟花很快就被禁止使用了。

烟花和鞭炮的燃放不仅会释放一些有毒的重金属化合物，还会产生其他污染。首先，它们会产生噪声污染。每逢农历大年三十的晚上，不少地方的爆炸声会彻夜响个不停，令人难以入睡。此外，爆炸声还会危及动物。2010年2月13日除夕夜，四川省青神县一位农户燃放鞭炮时惊吓了附近养鸡场的鸡，导致这些鸡因惊吓过度而大量死亡。结果，法院判燃放鞭炮者赔偿1.6万元。

其次，烟花和鞭炮在燃放时会产生污染大气的化合物。人们闻到的硝烟味是由烟火中的硫和氯产生的，主要是二氧化硫、硫化氢、三氧化硫。这些气体对人们的呼吸系统、神经系统和心血管系统有一定的损害作用。空气中二氧化硫的浓度过高时，会刺激呼吸道黏膜，伤害肺组织，引起或诱发支气管炎、气管炎、肺炎、肺气肿等疾病。

烟火中的炭在不完全燃烧时，会产生有毒的一氧化碳。吸入过量一氧化碳能与人体内的血红蛋白结合，造成人体缺氧，出现中毒症状。烟火中的氮燃烧时会转化为一氧化氮和二氧化氮。这些含氮氧化物经太阳光紫外线照射，发生光化学反应，产生一种光化学烟雾，它是一种有毒性的二次污染物，会刺激人的眼、鼻黏膜，从而引起病变，还会导致人出现头痛等症状。

烟花和鞭炮的危害除了污染之外，还存在安全隐患。它们在制造、储存和运输的过程中常发生集中性爆炸，酿成重大的安全事故。在燃放烟花和鞭炮时如果附近有大量其他可燃物，可能导致火灾发生。

正是由于烟花的污染比较大，也比较危险，有人发明了干净且安全的冷烟花。冷烟花依靠自身药剂燃烧时产生声、光、色、火花，形成绚丽多姿的烟花效果及艺术造型,观赏效果极佳。冷烟花燃放时无烟、无毒、无刺激性气味、无残渣,对人体无害,是一种"环保型烟花"。冷烟花在生产和燃放时不产生爆炸,火花区不会引燃其他可燃物,安全性较高。

# 61.荧光棒和夜光手表

在电视上,我们常能看到演唱会或歌唱比赛中,台下很多观众手持荧光棒不停地晃动。可能很多青少年朋友自己就玩过荧光棒,那么大家一定知道,荧光棒在让它发光前要稍微弯折一下塑料棒。为什么要有这个步骤呢?

实际上,荧光棒所发出的光和里面的化学物质发生的化学反应有关。荧光棒中的化学物质主要由三种物质组成:氧化剂、还原剂和荧光染料。

荧光棒的最外面是塑料管,装有氧化剂,里面放置了一个玻璃细管,装有还原剂。经过弯折,使里面的玻璃细管破裂,两种化学物质才能相遇发生反应,反应所释放的能量传递给荧光染料,使得染料发出荧光。

加入不同的荧光染料,可以释放出不同颜色的光,所以荧光棒有各种不同的颜色。不过,荧光棒产生的光是暂时的,当反应物全部消耗完,就不会再发光了。在缺电或断电时,这种荧光棒还可以起到应急的作用。

有的人认为使用荧光棒会对人体造成危害,实际上,只要不接触里面的化学物质,荧光棒对人是无害的。之所以有这样的观点,是因为在有些夜光手表中用到放射性物质,使染料在黑暗处发光,所以人们误认为荧光棒中也是运用了放射性物质,形成认识上的误差。

夜光表通常用荧光粉涂在表盘字块和指针上,在晚上或黑暗处能看清时间。荧光粉的主要成分一般多是粉末状的硫化锌,它本身不发光。

为了使荧光粉受到激发发出荧光,就要在夜光手表中掺杂微量的放射性元素。过去常用放射性元素镭,现在多为钷。放射性元素会不停地向外发出射线使得荧光粉发出荧光,同时,它也会逐渐破坏发光材料的结构,使发光材料的性能减弱和消失,所以夜光表使用一定时间就不大亮了。

因此,戴夜光表时应注意,如果把手表戴在手腕上睡觉,可能会给身体带来不利影响。睡觉前,最好把夜光表取下来。

随着科技的发展进步,也出现了不含有放射性物质的夜光手表。当然,青少年朋友最好还是不要去购买便宜或劣质的夜光表,避免辐射的危害。

# 62.超强酸的由来

酸有强弱之分。一般认为,常用的强酸有六种,它们分别是盐酸、氢氟酸、硫酸、高氯酸、氢碘酸、硝酸。这些酸的酸性都比较强,绝大多数金属遇到它们都会"粉身碎骨",但它们对黄金却无可奈何。那么,是否有能溶解黄金的酸呢?有,那就是人们常说的"王水"。

所谓王水,是把浓硝酸和浓盐酸按 1:3 的体积比混合所得到的混合酸。这种混合酸具有超过上述六种强酸的能力,能溶解金属之王——金,所以它被称为王水。

就在人们认为王水的"王位"永远不可能动摇、强酸的发展已达到了顶峰之际,在美国的加利福尼亚大学的实验室里,却传出了一个十分令人震惊的消息:他们发现了一种超强酸,其酸性比王水强几百倍,甚至上亿倍。

超强酸的发现,最重要的原因之一在于研究人员的细心观察。多年前的一个圣诞节的前夕,在加利福尼亚大学的实验室里,奥莱教授和他的学生正在紧张地做着实验。一个学生非常不安分,他好奇地把一段蜡烛伸进一种无机溶液里,刹那间,奇迹出现了,一向被认为性质非常稳定的蜡烛竟然被这种无机溶液吞蚀了。我们知道,蜡烛的主要成分是有机饱和烃,在通常条件下,它是不会跟强酸、强碱以及氧化物发生反应的。但这个学生却在无意中用这种无机溶液把它溶解了。奥莱教授仔细地、反复地观察了蜡烛在这种溶液里的溶解过程,非常惊愕,连声称奇。他把这种溶液称为"魔酸",后来人们称其为"超强酸"。

在奥莱教授和他的学生这一发现的启发下,迄今为止,化学家们已经找到了多种液态的、固态的超强酸。也就是说,超强酸不止一种,而是一类物质。例如,常见的液态超强酸有 $HF-SbF_5$、$TaF_3-HSO_3F$ 等。

从成分上看,超强酸都是由两种或两种以上的化合物组成的,且都含有氟元素,它们的酸性强得几乎不可思议。例如,超强酸 $HF-SbF_5$ 中当 $HF:SbF_5$(物质的量之比)为 1:0.3 时,其酸性强度约为浓硫酸强度的 1 亿倍;当其物质量之比 $HF:SbF_5$ 为 1:1 时,其酸性强度估计可达浓硫酸强度的 $1\times10^{17}$ 倍。它们真不愧为强酸世界的超级明星。

超强酸不但能溶解蜡烛,而且还能使烷烃、烯烃发生一系列化学变化,这是普通酸所办不到的。例如,正丁烷在超强酸的作用下可以发生 $C-H$ 键断裂产生氢气,发生 $C-C$ 键断裂产生甲酸,还可以发生异构化反应给直链烷烃正丁烷"整容",使其变成异丁烷。

正是由于超强酸的酸性和腐蚀性强得如此出奇,才使过去一些很难实现或根本无法实现的化学反应得以在超强酸的环境里顺利进行。现在,超强酸已广泛地应用于化学工业,它们既可以用做无机化合物和有机化合物的质子化试剂,又可以用做活性极高的酸性催化剂,还可以用做烷烃的异构化催化剂等。

# 63.比钻石更硬的物质

钻石之所以坚硬,主要是因为它的碳原子组成了稳定而强壮的八面体结构。现在,钻石遇上了对手。有一些含有氮化硼的化合物被发现硬度与钻石相当,因此引起了物理学家对氮化硼的兴趣。氮化硼是由氮原子和硼原子所构成的晶体,化学组成为 43.6% 的硼和 56.4% 的氮,具有四种不同的变体:六方氮化硼(h—BN)、菱方氮化硼(r—BN)、立方氮化硼(c—BN)和纤锌矿氮化硼(w—BN)。

如何制取氮化硼呢? 将三氧化二硼和氯化铵共熔,或将单质硼在氨气中燃烧,均可制得氮化硼。通常制得的氮化硼是石墨型结构,俗称为白色石墨。另一种是金刚石型,和石墨转变为金刚石的原理类似,石墨型氮化硼在高温(1 800℃)、高压(800 兆帕)下可转变为金刚石型氮化硼。这种氮化硼中 B—N 键长,与金刚石的 C—C 键长相似,密度也和金刚石相近。

金刚石型氮化硼包括立方氮化硼和纤锌矿氮化硼。早在 1957 年,美国一家公司就制造出立方氮化硼单晶粉,20 世纪 70 年代初,制成聚晶的立方氮化硼刀具,这就是人造金刚石刀具。但是,与钻石相比,立方氮化硼的硬度还是要小得多。研究人员计算发现,如果把立方氮化硼进一步处理,氮化硼就可以"w"形式出现,而且纯度够高的话,将有可能比钻石更硬。"w"代表的意义是这种氮化硼晶体的结构与纤锌矿晶体的结构类似。研究人员发现,对 w—氮化硼施加够大的压力后,可以大幅提高w—氮化硼的硬度。

现在所发现的 w—氮化硼尚处于实验室阶段,要真正应用还需更多深入的研究。就算 w—氮化硼具有跟钻石同等级的硬度,还要证明它们具有容易制造、耐高温,不易与其他物质反应等特性,才能在工业上完全取代钻石。让我们拭目以待吧。

# 64.臭氧的发现

1840 年的一天,瑞士科学家舍恩拜因走进自己的实验室,准备开始工作。这时,他忽然闻到一股气味。

毫无疑问,产生这股气味的物质肯定就在实验室里。舍恩拜因赶紧关闭了门窗,开始一处一处地搜寻起来。很快他便发现,这股气味是从电解水的水槽中散发出来的。

舍恩拜因想:水是由氢、氧两种元素组成的,电解水时,会产生氢气和氧气。可是氢气和氧气是没有气味的,现在却出现一种奇怪的气味,难道电解水时,同时还生成了其他物质吗? 一定要搞清楚。舍恩拜因开始了研究,在经过反复实验后,果然收集到一种新气体。这种气体的分子是由 3 个氧原子组成的,比普通氧气分子多 1 个氧原子。因为它有一种特殊的臭味,舍恩拜因叫它"臭氧"。

打雷闪电时,空气中的氧气受到放电的作用以后,有一部分转变为臭氧;电解水时,阳极上生成的氧气,受到电流的作用,也有一部分转变为臭氧。少量的臭氧能使空气清爽,雷雨之后空气格外新鲜,就是这个道理。

臭氧还是一种氧化剂,有强烈的杀菌作用,常用来饮用水消毒和净化空气。臭氧还存在于地球的上空,能吸收太阳辐射的短波射线,保护地球上的生命不受危害。

# 65.霓裳也飘香

人类使用香料、香精、香水的历史已很悠久了。清新、高雅的香气能使人魅力顿生，令人心旷神怡。现在，一些研究人员正在设计一些能散发香味的衣服。在不久的将来，人们到商店购买衣服时会有新的选择，即闻闻衣服会发出什么香味。

让布料散发香味不难，难的是如何让布料长久保持香味。将香水洒在衣服、皮肤上，香味一般只能保持数小时，还得忍受酒精的刺激引起的不快。此外，酒精还可能损坏衣服色泽。于是，研究人员摒弃了化学溶剂，而使用纳米技术、电子技术等高科技手段来储存香味，让衣服的香味长期不散。

英国服装设计师詹妮最近研制出了一种香味服装。她在设计服装时，在布料中植入了数十根由电子传感器控制的微型管子，管子里装着从天然花草植物中提取的香料。穿着时，衣服的电子传感器还能监测到人体状况的变化，并随之散发不同的香味。比如，当穿戴者紧张时，受到惊吓时，或心跳加速时，它就会散发能起镇定作用的香味——乳香。闻到这种香味的人能消除恐慌和紧张，恢复平静。在伤感时，这种衣服能释放橙花油气味，以降低血压，让人渐渐平静下来。如果穿上这种衣服去参加聚会，它独有的香气会令人魅力倍增，成为晚会上的焦点人物。

韩国一家服装公司开发了一种具有薰衣草香味的便服和礼服。这种服装很奇特，越是热闹场合，香味服装越显其奥妙。当人们在穿脱这种衣服时或在人多拥挤的地方，如在地铁、公交车里、影剧院、舞厅等地方，衣料上的香味便会弥漫开来，香飘四逸，令人心旷神怡。一套具有薰衣草香味的套装售价300—500美元，套装经20次干洗香味仍存。

这种服装上的香味是怎么来的？为什么会保留那么久呢？原来是一种叫作香料纳米胶囊的东西在起作用。在印花浆中加入香料纳米胶囊，就可印制出有香味的印花布。这使人不仅在视觉上获得美的享受，而且在嗅觉上得到愉快的满足。除了薰衣草香味外，该公司还在开发具有各种天然的花香和果香的纳米胶囊。这种产品开始只限于在印花布上使用，由于深受消费者欢迎，逐渐发展到在服装、床单、手帕、袜子、围巾等多种纺织品上使用。

# 66.传奇女性:居里夫人

1895 年,伦琴发现了 X 射线。

1896 年,贝克勒尔发现了元素的放射性。

1897 年,居里夫人登场了。

毫不夸张地说,居里夫人可能是人类历史上最为杰出的一位女性科学家,因此,通过下面这几段文字,我们来了解一下这位伟大女性传奇而又平凡的人生。

居里夫人在还没有嫁给居里先生之前,她的名字叫玛丽·斯克沃多夫斯卡。1867 年 11 月 7 日,玛丽诞生于波兰的华沙,她是家里最小的一个孩子,她还有一个哥哥和两个姐姐。

她的父母都是中学教师,不过十分遗憾的是,她的母亲和其中一位姐姐在她中学还没有毕业时就因传染病去世了。可能上天觉得加在这位伟大人物身上的苦难还不够多,当玛丽以优异的成绩从高中毕业时,她的父亲却破产了,不仅无法供她去读大学,而且连日常生活的费用也无法支付。这一年,玛丽 16 岁。

这样,玛丽不得不以担任家庭教师来养活自己。但上大学的愿望一直强烈地印在玛丽的心中,她把积攒下来的少量的钱交给一位去巴黎学医的姐姐布朗尼娅,以帮助她完成学业,因为她们两姐妹约定:一旦布朗尼娅结束学业找到工作,就负担玛丽继续求学的费用。

　　1891 年,24 岁的玛丽终于可以上大学了,她离开波兰来到巴黎求学。这个时候,她口袋里仅剩下 40 个卢布(约相当于 20 美元)了。今天,我们已经很难想象一个波兰女孩子,孤身一人在 1891 年到达巴黎学习物理学的情景了。在那个时代,这完全是一个传奇小说般的情景。

　　玛丽在巴黎大学理学院学习时,她带着强烈的求知欲望,全神贯注地听每一堂课,艰苦的学习和窘迫的生活使她的身体变得越来越不好,但是她的学习成绩却一直名列前茅,这不仅使周围的男同学羡慕和妒忌,也使教授们惊异。

　　1893 年,她接受了由一个波兰组织授予的亚历山大诺维奇奖学金:600 卢布的一小笔补助金。与众不同的是,几年之后玛丽用她挣来的第一笔钱还了这笔奖学金。

　　1894 年,玛丽获得了物理、数学两个学士学位。就在这一年,她认识了时任巴黎大学理学院实验室主任的皮埃尔·居里。

　　他们于 1895 年 7 月结婚,按照欧洲人的习惯,玛丽·斯克沃多夫斯卡这个名字此后就成为了玛丽·居里,当然,还有大家最熟悉的名字:居里夫人。

　　两人骑着自行车穿过法国美丽的乡村度过了他们的蜜月。自行车是用给玛丽买新娘服饰用品的钱买的。在他们整个共同生活的时期,主要娱乐就是骑自行车在大自然中旅行。

　　此后,居里夫人继续攻读博士学位。而关于元素放射性的研究成果正是她博士论文的内容。1900－1906 年,玛丽在一所女子师范学校任教,之后成为她丈夫的助手。1906 年 4 月 19 日,一个可怕的悲剧降落到玛丽的身上。居里先生在巴黎横穿一条街时被一辆快速行进的马车撞死。

很快,她被任命为索邦大学(就是玛丽就读的巴黎大学,这时改名为索邦大学)的教授以接替她丈夫的职位,玛丽二话未说,将他们关于放射性的课程继续下去。

居里夫人在世的时候就天下闻名,享有盛誉。她一生获得奖章、名誉头衔数不胜数,但其中分量最重的毫无疑问是两次诺贝尔奖。

1903 年,居里夫妇因在发现天然元素放射性现象方面所做出的贡献与贝克勒尔共同获得该年度的诺贝尔物理学奖。居里夫人也成为第一个获得诺贝尔奖的女性。

1911 年,居里夫人因分析出纯镭元素,并确定了它在元素周期表中的位置,获得该年度诺贝尔化学奖。居里夫人也成为第一位两次获得诺贝尔奖的科学家。

居里夫妇有两个女儿,大女儿伊雷娜·居里成为一名与她双亲声誉相配的科学家,她和丈夫约里奥·居里(为了纪念他伟大的岳父母,因而把自己的姓改为居里)也被称为小居里夫妇;小女儿伊芙·居里成为一名钢琴家,后来因非常成功地写了一本有关她母亲的传记而闻名。

1934 年,居里夫人在法国阿尔卑斯山的一所疗养院里逝世。令她感到欣慰的是,在她逝世前几个月,她已确信小居里夫妇因发现人工元素的放射性即将获得诺贝尔化学奖。

居里家族是世界上获得诺贝尔奖最多的一个家庭,共有四个人三次获得诺贝尔奖,其中居里夫妇共获得两次诺贝尔奖。1935 年,小居里夫妇因发现人工元素的放射性现象而获得该年度诺贝尔化学奖。

# 67.X 射线

X射线也称伦琴射线,它是在高速电子流轰击金属钯的过程中产生的一种波长极短的电磁辐射。由于X射线是不带电的粒子流,所以不受电磁场的作用,它沿直线传播,并能穿透普通光线所不能穿过的致密物体。这种波长极短的电磁辐射具有在荧光屏或底片上成像的特性。

1895年的一天,德国物理学家伦琴将阴极射线管放在一个黑纸袋中并关闭了实验室灯源,当开启放电线圈电源时他发现,一块涂有氰亚铂酸钡的荧光屏发出了荧光。伦琴用一本厚书、2-3厘米厚的木板或几厘米厚的硬橡胶插在放电管和荧光屏之间,仍能看到荧光。他又用其他材料进行实验,结果表明它们也是"透明的",铜、银、金、铂、铝等金属只要不太厚,也能被这种射线穿透。伦琴意识到这可能是某种特殊的从来没有观察到的射线,它具有极强的穿透力。他经过彻底的研究,确认这的确是一种新的射线,并称为X射线。

伦琴给新射线取名叫X射线,是要着重表明他自己还不十分了解这种射线的真正性质。而数十位不同国籍的科学家,却迫不及待地要把伦琴没有谈到的东西马上补充出来。科学期刊上陆续出现了不计其数的关于X射线实验的报告,有的报告研究性质,有的报告研究来源。由于兴奋和匆忙,有些科学家甚至觉得自己也发现了新射线。关于"Z射线""黑射线"的消息,纷至沓来。

法国科学家亨利·庞加来对于X射线猜测得很有趣。

他阅读伦琴讲述自己的发现经过的那篇文章时,对文章中一项细节产生了极其深刻的印象。这一细节是:X射线产生的地方恰恰就是克鲁克斯管壁上被那股由阴极飞往阳极的电子中途打中的地方,玻璃管壁的这一部分还产生了特别强烈的磷光现象。

庞加来认为 X 射线既然发生在磷光现象特别强烈的地方,那就很可能一切强烈的磷光物体都能发射 X 射线,并不是只有克鲁克斯管在有电流通过的时候才能够发射。

庞加来的这个想法被另外一位法国人沙尔·昂利听到之后,马上动手加以验证。

沙尔用来验证庞加来看法的物质是硫化锌,那是一种经过日晒、能发出强烈磷光现象的物质。

沙尔给普通照相底片包上黑纸,纸上摆一小块硫化锌,然后把这样摆好的一套东西放在日光下晒,晒过以后,把底片拿进暗室去显影。

显影的结果,底片上出现了一个深色的斑点,那正是曾经隔着黑纸摆过硫化锌的地方。

可见庞加来的想法是正确的,凡是磷光物体,的确都能发出不可见的、能够自由穿过黑纸的 X 射线。

# 68.蜘蛛网的启示

300 多年前,英国有一位年轻的科学家对"八卦飞将军"蜘蛛产生了浓厚的兴趣。他经常从早到晚,目不转睛地观察蜘蛛。他看见蜘蛛忙忙碌碌,吐丝织网。刚从蛛囊里拉出的细丝是黏液,迎风一吹,一瞬间变成又韧又结实的蛛丝。

这位青年科学家想,要是能发明一个机器蜘蛛,"吃"进化学药品,抽出晶莹的丝来纺线织布,那该多好啊!他一头扎进化学实验室,摆弄起瓶瓶罐罐,用各种化学药品做起了试验。他用硝酸处理棉花得到了硝酸纤维素,把它溶解在酒精里,制成黏稠的液体,通过玻璃细管,在空气中让酒精挥发干以后，便成了细丝。这是世界上第一根人造纤维，但是这种纤维容易燃烧、质量差、成本高，没法用来纺纱织布。

后来，科学家模仿吐丝的蚕儿，将便宜、易得的木材里的木质纤维素溶解在烧碱和二硫化碳里，做成黏液，再在水面下喷丝，这就是大名鼎鼎的"人造丝"黏胶纤维。它的长纤维可以织成人造丝印花绸、人造丝袜。

可是，人们并不满意。人造丝、人造棉潮湿的时候很不结实，洗涤后容易变形，缩水严重。再说，人造纤维虽然扩大了原料的来源，把不能直接纺纱织布的木材、短的棉花纤维、草类利用了起来，可是，资源毕竟有限。于是，人们又把眼光从天然纤维跳到了矿物上，石头、煤、石油能不能变纤维呢？

50多年前，德国出现了用煤、盐、水和空气做原料制成的聚氯乙烯纤维（氯纶）。它的化学成分和最普通的塑料一个样，这是最早的合成纤维。用氯纶织成的棉毛衫裤、毛线衣裤，既保暖又容易摩擦后带静电，穿着它，对治疗关节炎还有好处。

比氯纶晚几年出世的尼龙（棉纶），比蛛丝还细，但非常结实，晶莹透明，一下子以它巨大的魅力使人们着了魔。曾经很流行的"的确良"（涤纶），挺拔不皱，免烫舒适，是产量最大的一种合成纤维。而维纶棉絮酷似棉花，人称"合成棉花"。

后来，由丙烯聚合而成的丙纶一跃而起，成为合成纤维的新秀。丙纶是比重最轻的合成纤维，入水不沉。飞机上的毛毯、宇航员的衣服用它制作，可以减轻升空的负担。

如今，化学纤维的年产量已经和天然纤维平起平坐了，而它在国民经济和国防事业上的作用却远远超过了天然纤维。不过，今天规模巨大的"机器蚕"在日夜运转，还多亏了蚕儿吐丝、蜘蛛织网给人们的启示呢！

# 69.虫子和武器

美国研制出世界上最先进的二元化学武器,它就是受气步甲虫的启示而获得成功的。原来这种叫气步甲虫的虫子生长在美洲哥伦比亚的森林里,能够喷出一股股液体泡沫,喷出时不仅仅有一股恶臭,而且还伴有轻微的喷射声响,用来迷惑和刺激侵犯它的敌人。如果这种液体溅在人的身上,会产生明显的灼热感。

科学家对甲虫解剖分析后发现,小甲虫胃里有三个小室,一个储藏对苯二酚溶液,一个储存过氧化氢,这两个室中的溶液进入第三个储室后,它们便有机地混合发生了化学反应,瞬间会变成温度高达 100℃ 的毒液,并迅速喷射出来。

而这种先进的二元化学武器将两种或多种能产生毒剂的化学物质分别装在隔开的容器中,炮弹发射后,容器隔膜破裂,使两种毒剂在中间体的弹体内于 8—10 秒内迅速混合发生化学反应,在触到目标的瞬间生成致命的毒剂以杀伤敌人。由于毒剂中间体的安全无毒,且不会变质失效,所以,不必为生产它来专门建立化工厂,在普通的民用化工厂生产就能满足战时的需要。由于这方面的储存和运输都很安全,所以能够快速稳妥地供应前线。

# 70.碘元素的发现

19 世纪初,法国的拿破仑发动了征讨欧洲的战争。

战争需要大量的火药，当时还没有发明安全炸药，人们只能采用传统的方法，用硝酸钾（硝石）、硫黄和木炭制造火药。顿时，硝酸钾的供应紧张起来。为了解决战争的需要，很多人都积极地开办生产硝酸钾的工厂，其中法国化学家库图瓦跟随他的父亲在海边捞取海藻，然后从海藻灰中提取硝酸钾。

1811年的一天，库图瓦按照惯例，把海藻灰制成溶液，然后进行蒸发。溶液中的水量越来越少，白色的氯化钠（食盐）最先结晶出来。接着，硫酸钾（一种常用的肥料）也析出来了。下面，只要向剩余的海藻灰溶液里加入少量硫酸，把一些杂质析出来，就能得到比较纯的硝酸钾溶液了。

谁知就在这时，一只花猫突然跑了过来，它的爪子碰倒了放在装海藻灰溶液的盆子旁边的硫酸瓶，瓶里的硫酸不偏不倚几乎全部流进了装海藻灰溶液的盆里。

库图瓦的眼前突然出现了奇怪的景象：一缕缕紫色的蒸气从盆中冉冉升起，像云朵般美丽，库图瓦简直看呆了。他忽然想起，应该把这些紫色的蒸气收集起来，便拿起一块玻璃放在蒸气上面。

库图瓦原以为会得到晶莹透亮的紫色液珠，就像水蒸气遇到冷的物体，会凝结成水珠一样。可是出乎意料，他得到的却是一种紫黑色的晶体，它们像金属那样闪闪发亮。

库图瓦仔细研究了这种未知物，发现这种未知物的许多性质不同寻常，比如它虽闪耀着金属般的光泽，却不是金属；虽是固体，却又很容易升华，即不经过液态而直接变为气态；它的纯蒸气是深蓝色的，紫色的蒸气是因为混有空气的缘故，等等。

1813年，经英国化学家戴维和法国化学家盖·吕萨克研究，证实库图瓦发现的是一种新元素，盖·吕萨克给它命名为"碘"。碘在希腊文中的意思是"紫色的"。

在19世纪后半叶，有一位年轻的医生听说印第安人相信有某种盐的沉淀物可以治疗甲状腺肿大,就取了一些样品送请法国的农业化学家布森戈进行分析,布森戈发现这种盐的沉淀物中含有碘,便建议人们用含碘的化合物治疗甲状腺肿大。尽管这个建议曾被漠视长达半个世纪,最后还是被医学界接受了。

1911 年,在庆祝碘发现 100 周年时,人们在库图瓦的故乡竖起了一块纪念碑,以纪念他在科学上的重要发现。今天,人们进一步认识到碘对于人体健康,特别是儿童的智力发展有着极其重要的作用。

# 71.发现新元素钋和镭

法国物理学家贝克勒尔的发现是 19 世纪末最伟大的发现之一,不过,他的发现在当时并没有引起人们的足够重视。或许,当时的人们已将对科学的热情在发现 X 射线这一事件上耗尽了。贝克勒尔本人不是没有继续他的工作,而是他局限于把铀作为他研究的射线源。

贝克勒尔之所以只专注于研究铀元素和各种铀的化合物,主要有两个原因。首先,他本人对各种铀的化合物十分熟悉;其次,元素铀是当时已知元素中原子量最大的,排在门捷列夫周期表中的最后一位(铀是人类在自然界中找到的原子序数最大的元素。排在铀后的元素都是人工合成的,也统称为超铀元素,都具有放射性)。这就使得他没有取得更进一步的成果。

1897 年,居里夫人正在为自己的博士论文题目发愁。当听说了贝克勒尔的发现后,她敏锐地感觉到这是一个值得研究的方向。为此,她还征询了丈夫的意见。居里夫人首先重复了贝克勒尔的实验,并在居里先生设计的静电计的帮助下,更精确地测定了贝克勒尔射线的强度。同时,确定了含铀化合物的放射性强度只和铀的含量多少有关。

随后,她再次做出了一个相当明智的决定:检查当时知道的所有元素和化合物。她收集了各种各样的物质反复进行试验,终于找到了另一种放射性元素——钍(Th,90号元素)。钍和铀一样,也会不停地发出不可见的射线。

于是,她是历史上第一个把这种元素自发地向外发出射线的现象叫作"放射性",这些元素就称为放射性元素。铀和钍是最先被发现的两种放射性元素。

也正是在这个时候,她再次表现出了她天才的一面。她决定不再将研究局限于铀、钍及其化合物上,而是也测试从自然界开采来的矿石。

使她意外的是,其中有些自然矿石的放射性远大于预测的放射性。差别在哪里呢?唯一的差别就是天然的不够纯,有杂质。那么多出来的放射性想必是由杂质产生的。也就是说,在这些矿物中存在着放射性更强的未知元素。

这是伟大发现的前夕。这时,居里先生也决心放下他自己从事的物理学研究,和玛丽一起去找寻这种未知的新元素。他们开始一个接一个地研磨选出的矿物样品,浓缩最具放射性的产物。

最终他们得到了一种新的元素。为了纪念玛丽的祖国波兰(Poland),他们提议把这种新放射性元素叫作钋(Po,84号元素),钋的放射性是铀的几百倍。1898年7月,居里夫妇向科学院提交了一篇他们合写的文章,宣布了这个发现。

伟大的发现还没有结束。居里夫妇继续努力工作,在实验废液中又发现了一种新的放射性元素。1898年12月26日,他们又到科学院宣布发现了镭(Ra,88号元素,取自Radium,射线的意思)。

镭不是第一个被发现的放射性元素,但它的放射性最强,纯镭的放射性要比铀大几百万倍!也正是因为镭有如此强的放射性,才使得实验废液中含有的极微量的镭的化合物,被细心的居里夫妇检测了出来。

# 72.镭的母亲

居里夫妇发现新元素镭后,接下来就迫切希望能分离出纯净的镭或是镭的化合物。他们在朋友的帮助下,从奥地利搞来了1吨沥青铀矿渣。铀已被从矿石中取走了,因此这些矿渣对别人来说没有一点用处了,但居里夫妇知道里面有镭(现在我们知道,镭存在于所有的铀矿中,每2.8吨铀矿中含1克镭)。

他们的实验室是学校的一间漏雨的棚子。在没有任何防护的情况下(在当时,还没有人意识到放射性物质的危险性),用原始的办法对重达几十千克的矿石进行加热、搅拌、分离。只有这位波兰妇女百折不挠的精神才能克服这种困难,她承担了最繁重的体力劳动,因为居里先生身体较差。他们艰苦工作了45个月,最后,在1902年终于得到了0.1克纯氯化镭的白色晶体。

居里夫妇为得到纯净的镭继续奋斗,他们想办法弄来了更多的沥青铀矿渣。在这期间,居里先生不幸逝世,但居里夫人独自顽强地坚持了下来。终于在1910年,用电解氯化镭的方法制得了1克的金属镭。从1898年发现镭元素,到分离出纯净的镭,这件事消耗了她12年的时间。

实际上从1898年到她逝世时这36年的科学生涯,她的所有工作都遵循同样的方式:更多的矿物,更高级的纯化,更高度的浓缩。这是一项意志专一的任务,需要有令人难以置信的干劲、极大的智慧和顽强的精神,而这正是玛丽·居里的品格。

有了纯净的镭,居里夫人就可以充分地研究它的各种性质了。这种奇妙的元素,它不停地放出极强的射线。如此强的射线可以阻止细胞的分裂,甚至可以杀死细胞。

很快，医学专家就知道肿瘤（癌）细胞的分裂速度快，这种细胞对放射性的破坏更敏感。这样，他们就可以用镭的射线来治疗癌症。因此，镭便成了稀世珍宝。但是，当时只有居里夫人拥有 1 克镭并掌握了获取镭的方法。如果这个时候居里夫人想获取财富，那实在太容易了。但居里夫人却毫无保留地公布了镭的提纯方法，同时将自己拥有的 1 克镭赠送给医学专家进行研究。居里夫人对此的解释异常平淡："没有人应该因镭致富，它是属于全人类的。"

这个消息传遍欧洲，传遍全世界。研究镭射线，不仅在自然科学家那里，也在医学界展开了，一下子在全世界掀起了对放射性的研究热潮。许多国家纷纷成立了镭学研究所来研究镭和其他放射性物质。有些国家还建立了工厂去提炼这极为宝贵的镭，以满足医疗和科学研究的需要。

# 73.放射性物质的危害

2011 年 3 月 11 日，日本福岛核电站发生爆炸事故，导致大量放射性物质泄漏。因担心放射性物质随海水和大气流动造成强烈辐射，周边地区和国家的居民开始抢购食盐等基本生活用品。

与今天人们对放射性危害的过度担心形成鲜明对比的是，100 多年前才发现放射性的时候，包括贝克勒尔、居里夫妇在内的所有人对放射性物质的危害都毫不知情。贝克勒尔本人居然在他的背心口袋里放了一些居里夫妇的镭，结果被灼伤。这才使人们意识到放射性物质的危害，同时也因此联想到用射线来治疗癌症。由于在毫无防护下长期接触放射性物质，贝克勒尔的健康受到严重损害，50 多岁就逝世了。

同样，受到伤害的还有居里夫妇，他们很早就受到了奇怪而又难以诊断的疾病的折磨,这是不足为奇的,因为他们已受了够多的辐射和吞下了够多的放射性物质。虽然玛丽活了 67 岁,但她病了很长一段时间,最后死于因过度受辐射而引起的许多症状中的一种:白血病。

居里夫人的女婿检查过她的实验簿,发现它们受到了强烈的放射性污染。而且,居里夫人在家烧饭,她使用过的许多菜谱书籍保持着放射性达 50 年之久。

如果告诉你,你的身体经常接受少剂量的放射物的辐射,你肯定会感到惊讶。这些辐射是自然界中普遍存在的,只要你生活在地球上,就无法逃脱它的辐射。这些辐射称作本底辐射,一般都不会对人产生危害。

含有放射性物质,因而能产生一定辐射的实体称为放射源。本底辐射的放射源主要有两类,一是来自太空的宇宙射线,二是来自地球本身的物体。

在地球上,可以进行少剂量放射的元素几乎随处可见:房屋中的木头、砖块,衣服的布料,日常的饮食,甚至我们的身体。我们脚下的岩层中含有的铀矿石,虽然它产生的射线被土壤或上方的岩层所阻挡,但铀放出射线的同时会衰变成有放射性的惰性气体氡气,因氡气的化学性质十分稳定,从而在大气中对人体产生辐射。

由生活环境、生活方式带来的辐射剂量可能比本底辐射还要多。香烟中含有许多放射性物质,这些物质可引发肺癌。生活在海拔较高的地方或经常乘坐飞机,会增加宇宙射线对身体的辐射。这是因为所处的位置越高,阻挡放射线的空气就越少。

除此之外,我们还可能会受到医院或核设施里的放射源的辐射。尤其是现在放射性物质的广泛应用,让我们更容易接触到这些辐射。但放射源按照规定都有严格的安全保护措施,正常使用的放射源对人体是基本没有伤害的。

一旦遇到突发事故,可能会遭遇到放射性辐射,我们也应了解防辐射的基本原则:

(1)尽可能远离放射源;

(2)尽可能缩短受辐射的时间;

(3)利用铅板、钢板或墙壁挡住或降低辐射强度,这样才能更好地保护自己。

可能大家听说过人造大理石,现在人们在装修房屋时,一般会购买人造大理石来代替天然大理石,这是因为天然大理石中含有铀等放射性元素。其他的建筑石材也同样可能含有铀等放射性元素,只是含量的多少不同而已。

# 74.新墙"冒汗"

小刚家的新房子竣工好几天了,急着要住新房子的小刚缠着爸爸要早早搬进新房。

"爸爸,你不是说新房子的墙壁干了咱们就搬家吗?"小刚急切地问。

"墙壁看上去早干了。但现在搬进去住,墙壁还会'冒汗'的。"爸爸说道。

"墙壁会'冒汗'? 为什么?"

"是因为墙壁涂有石灰浆,石灰浆的主要成分是什么?"

"是氢氧化钙和水啊!"学过化学的小刚顺口答了出来。

"石灰浆在空气中会有什么变化你知道吗?"爸爸接着问。

"氢氧化钙和空气里的二氧化碳发生反应生成碳酸钙和水。"小刚对答如流。

"这就对了。"爸爸接着解释道,"石灰浆里的氢氧化钙和空气里的二氧化碳起反应，生成碳酸钙，使得石灰墙又坚硬又洁白，由于空气里的二氧化碳含量有限，这个反应进行得比较缓慢，水分蒸发得比较快，因此，墙壁慢慢就干透了，新房子里的墙壁表面上是干了，实际上，墙壁里的石灰浆仍然在与空气里的二氧化碳发生反应。如果我们现在搬进去，因为呼吸使房间里的二氧化碳增多，氢氧化钙与二氧化碳的反应加快，生成的水来不及蒸发，墙壁便会湿漉漉的，像'冒汗'一样。"

"噢，原来是这样！"小刚恍然大悟，但还是想早一点搬进去，便又问道："爸爸，那有什么办法不让墙壁'冒汗'呢？"

"有啊！"爸爸似乎早就料到小刚会这样问，不但应声回答，并且还告诉了小刚一个办法。

"好极了！我马上办！"

请大家想一想，小刚是怎么办的呢？

原来，小刚把一个点着的煤炉放到了新房子里。煤燃烧时产生大量的二氧化碳，使石灰浆里的氢氧化钙与二氧化碳的反应加快；又由于有了煤炉，房间里的温度升高，水分蒸发得也很快。这样墙壁很快就干透了。

# 75.冰淇淋的起源

冰淇淋的营养价值很高，脂肪含量为 6％－12％，有的品种的脂肪含量可达 16％以上，蛋白质含量为 30％－40％，蔗糖含量为 14％－18％（水果冰淇淋中的含糖量高达 27％），且含有钙、磷、铁、维生素 A、维生素 $B_1$ 和维生素 $B_2$ 等营养物质。因此，冰淇淋是一种营养丰富的消暑冷饮食品。那么大家是否知道冰淇淋的起源呢？

冰淇淋是由冷冻食品发展而来的。早在公元 1 世纪,古罗马国王就叫奴隶们夏天从高山上采集冰雪,用于冷冻水果、蜂蜜和果汁。国王常常在夏天用这些冷冻食品来招待宠臣和国外使者,让客人们啧啧称奇。

一般人认为冰淇淋是西餐,一些研究人员却认为冰淇淋起源于我国。早在 1 000 多年前,我国的封建王侯为了消暑,让人在冬天把冰取来,贮存在地窖里,到了夏天再拿出来享用。唐朝末期,人们在生产火药时开采出大量硝石,并且在一个偶然的机会发现硝石溶于凉水的时候会吸收大量的热,甚至可以让水结冰。从此人们不用储藏冰块就可以在夏天制冰了。此时有了专门在夏天卖冰的商人,他们把糖加到冰里吸引顾客。到了宋代市场上冷冻食品的花样多起来了。商人还在里面加上水果或果汁。元代的商人甚至在冰中加上果浆和牛奶,这种冷冻食品被认为是原始的冰淇淋。

1848 年科学家发明了手摇式搅冻机,使得人们可在家中自制冰淇淋。当时人们将冰淇淋的混合原料加到较小的不锈钢容器中,然后将其放入一个木桶中。将冰倒入木桶,让冰块均匀地在不锈钢容器四周分布,然后过两分钟,转动手摇冷冻器,让冰淇淋原料彻底冷却,然后在冰中加盐,让冰淇淋冻结。

炼乳和固体乳的开发,加上均质机、巴斯德杀菌和搅冻机的发明刺激了早期冰淇淋工业的发展。在冰淇淋工业的发展中,最重大的进步为 1925 年连续搅冻机的发明。在此之前,冰淇淋必须以少量、分批的方法制造,生产效率很低。连续搅冻机可使均质化后的混合原料在入口处将冷冻的冰淇淋不断地刮出。1920 年以后,研究人员开发了改良的冷冻与输送方法,家用冰箱也出现了,还有一些商人建立了销售冰淇淋的连锁店。从此人们购买和储存冰淇淋就变得很方便了。

# 76.氯元素的发现

在发现氯气前,人们就发明了盐酸。把食盐加入浓硫酸所产生的气体用水吸收后,便形成了一种有酸性的液体,这种液体被称为盐酸。

单质的氯气第一次是用盐酸加软锰矿粉制出来的。

氯气的发现应该归功于瑞典化学家舍勒,他是在 1774 年发现这种气体的,当他加热黑色的二氧化锰与盐酸的混合物时,产生了一种烟雾。在氯这种元素被发现以后,人们把这种气体叫作脱燃素的盐酸气,因为按照当时流行的说法,把盐酸中所含的氢称为燃素,这样在制备氯气的过程中,锰取代了盐酸中的氢,从而得到氯气,用当时的术语便是锰取代了燃素,因此氯就被当作盐酸脱掉燃素以后产生的一种气体。

舍勒制备了氯气,把它溶解在水中,却发现这种水溶液对纸张、蔬菜和花都具有漂白作用;他还发现氯气能与金属化合物发生化学反应。从 1774 年舍勒发现氯气以后,一直到 1810 年,这种气体的性质先后经过贝托霍、拉瓦锡、泰纳、贝采利乌斯等人的研究。然而第一个指出氯气是一种化学元素的科学家却是戴维,他在伦敦英国皇家学会上宣布这种由舍勒发现的气体是一种新的化学元素,它在盐酸中与氢化合。他将这种化学元素定名为氯,这个名称出自希腊文"Chloro",这个词有多种解释,例如"绿色""绿色的""绿黄色"或"黄绿色"。戴维的这种推论获得了公认。

# 77.炸　药

在我们的词典上有这样一个成语:开山凿石。在古代,用于建筑的石头只能通过劳动人民的双手和一些简单的铁制工具来获取,这当然是异常困难的。

古代中国人发明的火药,即黑色炸药,不仅很快被用于战争,而且也被用在生产建设方面。当修建道路、开凿运河遇到障碍时,便可以用火药的爆炸来开辟通道。这极大地提高了工作效率并降低了工作的强度。

由于当时的火药配方中含有碳,因此火药是黑色的,这种火药自然也就被人们称为黑火药。它是人类此后 1 000 多年的时间里,唯一的一个炸药品种。直到诺贝尔发明的威力更大、更安全的黄色火药出现,才结束了这一历史时期。

因为诺贝尔研制的一系列炸药的主要成分都是黄色硝化甘油,因此,诺贝尔引领着人类走进了黄色炸药的时代。

硝化甘油是 1847 年由都灵大学的化学家索布雷洛教授的一个意大利学生发现的一种爆炸能力极强的新炸药。

但是索布雷洛在发表的文章中对这种化合物给出了一个警告,不只是因为它具有难以置信的爆炸力,而且还因为它几乎无法控制。索布雷洛的发现并没有引起巨大的轰动。也就是说,索布雷洛发现了一匹罕见的烈性宝马,但是他却没有驯服它。这个工作最后由他的同门师弟诺贝尔来完成。

诺贝尔为了表示对硝化甘油发现者索布雷洛的尊重,特别聘请了他作为自己炸药生产企业的高级顾问。

1863 年,诺贝尔经过 3 年多的实验,成功地将少量的硝化甘油混入黑火药中,制成了新的炸药爆炸油,并取得了他的第一个专利。

1864 年,诺贝尔取得了一生技术发明中最大的成就,一种新的引爆方法:在一个空心的管子里面填满黑火药,然后用这个管子来引爆预先放好的炸药。后来这个管子被称为雷管。

1866 年,诺贝尔继续思考硝化甘油的安全性问题,并进行了新的实验。他发现硝化甘油可以被一些多孔材料硅藻土吸收,而形成一种更易于控制的混合物。当硝化甘油被硅藻土吸收后,就形成一种黏团,很容易塑造和定型。这种黏团可以被做成棒状,很容易插到凿洞中去。它也可以被运输,经受震动而不致引起爆炸;甚至可以点燃它而不会发生任何事情,只有雷管可以使这种黏团爆炸。这种新炸药的缺点是爆炸力稍有减弱——因为硅藻土并不是爆炸过程中的有效成分。

诺贝尔不断改进自己发明的炸药,使其更加安全可靠和拥有更大的威力。他一直思考用硝化甘油和火棉相混合的办法,将当时已经发现的两种威力最大的炸药结合,这种想法是很了不起的。

1875 年的一天,他在实验室工作时,不小心割破了手指,并且用火棉敷了起来。夜里,疼痛的手指使他不能入眠,于是,他默默思考着脑子里那个最大的问题:怎样适当地使火棉与硝化甘油混合起来。在凌晨 4 点钟,他起床跑到实验室里开始自己的实验。当他的助手费伦巴克在通常时间到来时,诺贝尔已经能够将他按正常的试验方法在一个玻璃平盘里做成的第一份爆炸胶拿给他看了。

但在这项发明被认可进入市场之前,还要做很多事情。实验室的日记记录表明,诺贝尔和费伦巴克长期在背后潜伏着危险的情况下进行过250 多次试验。此后,他们又利用助手利德伯克制造的仪器,在诺贝尔的四家主要工厂进行过大规模的试验,然后才开始解决发明专利权的问题。

这就是事情的始末,绝不是什么侥幸的发明。这种新型炸药被证明是一种在很多方面都理想的炸药:它的爆炸力比纯硝化甘油还大一些,并且它特别适合于水下爆破,更主要的是它的生产成本较低。

这种新发明很快便以各种名称投入市场。它的名称有"诺贝尔特号黄色炸药""爆炸胶"等。

诺贝尔在已经取得的成绩面前没有停步,当他获知无烟火药的优越性后,又投入了混合无烟火药的研制,并在不长的时间里研制出了新型的无烟火药。

诺贝尔一生的发明极多，获得的专利就有 351 种，当然其中有关炸药的专利占有相当的比例。

诺贝尔晚年患有心脏病，好像命运故意跟这位大发明家开玩笑一样，他经常服用的扩张血管的药物，就是与他一生事业休戚相关的硝化甘油。他制造硝化甘油，是为了炸开矿山和铁路的通道；他服用硝化甘油，则是为了"炸"通他输血阻塞的脉络。

在他生前给好友索尔曼的一封信里，诺贝尔写道："说起来就好像是命运的讽刺，我必须遵命服用硝化甘油。他们把它称为三硝酸酯，以使药剂师和公众不致害怕。"

# 78.塑料瓶装水干净吗

在东京、巴黎的高档餐厅里，一门新兴职业正在悄悄出现。这就是"侍水师"。他们可以根据你所点的菜品来推荐最适合搭配的特殊饮料——瓶装水。纽约一家名为"热纳亚"的酒吧近来生意兴隆，其实它并不提供酒精饮料，但里面有 65 种产自世界各地的瓶装水。你可不要小瞧这些无色无味的液体，它们的身价一路看涨，有的已经超过了名酒的价格！

几年前，如果你在餐厅点一杯法国"毕雷"矿泉水就已经很有面子了，但现在它就显得有些不够档次。佐餐的饮料必须是豪华瓶装水，而且"出身清白"。例如，"王岛云雨"产自澳大利亚塔斯马尼亚岛，那里号称拥有世界上最干净的空气，雨水自然清洁无比。一瓶 375 毫升的"王岛云雨"号称至少含有 4 875 滴塔斯马尼亚岛的雨水。"420Volcanic"水则产自新西兰班克斯半岛的一座死火山脚下，保证无人曾经染指。"公元前 1 万年"产自号称"地球上最古老的水源"——加拿大卑诗省沿岸的冰川。

这些高档瓶装水都会标榜自己的纯洁本质——"从未受到过人类污染"。虽然我们普通人喝不起豪华瓶装水,但是一瓶普通的纯净水还是喝得起的。出门在外口渴的时候我们都习惯买一瓶水喝,瓶装水给我们的印象是干净和方便。但是,这些水真的很干净吗?它们真的没有受到污染吗?英国化学研究人员威廉·肖迪克却表示,塑料瓶可能会持续向其中的水溶解重金属元素锑,这种元素长期积聚在体内可能危害健康。

现在,瓶装水行业是世界上发展势头最快的行业之一,仅仅英国一年大约有 12 亿英镑的市场销售额。据统计,美国是世界上消费瓶装水最多的国家,每年消耗 260 亿升,墨西哥第二,中国和巴西分列第三和第四。然而,灌装饮用水的塑料瓶的生产过程却有隐忧。在制造水瓶所需要的聚酯塑料的过程中,会使用含有锑元素的化合物作催化剂。随着塑料瓶的成型,锑元素也进入了塑料中。

水厂一般采用地下水来制造瓶装水。威廉·肖迪克对 15 种热销的瓶装水进行化学检验,结果发现天然地下水中的锑含量是万亿分之一,而刚出厂的瓶装水的锑含量平均为万亿分之一百六十。时间越长,塑料瓶中的锑元素在水中的溶解量越大,这个过程就像泡茶一样。出厂 3 个月后,瓶装水中的锑元素含量竟然增加了一倍。然而,现在市场上大多数瓶装水包装上注明的保质期常常是 24 个月。另外,温度越高,锑元素在水中的溶解量越大,而人们对瓶装水需求量较大的季节恰恰是温度高的夏天。

肖迪克表示,虽然摄入极少量的锑元素不会导致人生病,但是大量摄入则会诱发呕吐,甚至可能致命。虽然塑料瓶装水中锑元素的含量远远低于官方公布的安全标准,但是对长期饮用的后果则还没有具体的研究结论。不过,由于婴幼儿的身体免疫系统比较脆弱,还是要尽量少给婴幼儿喝瓶装水。

此外,有荷兰研究者在近期的一次会议上警告说,他们研究发现瓶装矿泉水经常被细菌和真菌污染。研究者认为,被污染的瓶装矿泉水对健康个体致病的危险可能有限,但对于易感染的免疫功能低下的病人,则有更高的感染危险。

美国哈佛大学的研究人员米歇尔等人发现,不少塑料瓶在加工过程中会加入一种名为双酚A(BPA)的化学物质。这种化学物质与出生缺陷、发育问题以及心脏病和糖尿病患病风险高有关联。专家对它可能给人体健康造成的影响表示担忧,而一些国家已将该物质正式列为有毒物质。研究显示,被调查者饮用聚碳酸酯塑料制成的瓶装水一星期后,尿液中BPA的含量会增加69%,而BPA对人体的伤害类似于雌性激素。

英国"水与环境管理协会"的执行主席尼克·里夫斯还表示,瓶装水对环境的污染也不容忽视。全世界每年用于包装瓶装水的塑料为270万吨,这些塑料的原料大多是从石油中提取的,仅在美国,制造这些塑料就要消耗150万桶石油,这些石油可以供10万辆汽车使用一年。86%的塑料水瓶最后都变成了垃圾,需要400—1 000年才能降解。这些塑料垃圾在燃烧时会产生有毒气体和含有重金属的灰烬,从而进一步污染环境。

# 79.纯碱是碱吗

酸是一类物质的总称。在这一类物质中,各种酸的性质也并不完全一样,但某些性质却十分相似,比如,酸都有酸味。

同样,碱也是一类物质的总称。碱有苦味,但我们不能用尝味道的方法来区分酸和碱,因为那样做是很不安全的。

氢氧化钠是最常用的一种碱,也是实验室必备的一种试剂。在生产肥皂时,就要加入氢氧化钠。另外,某些下水道清洁剂产品中也含有氢氧化钠。下水道堵塞往往是因为头发等杂物造成的,而氢氧化钠可以洗去这些头发,原因是头发是由蛋白质组成的,氢氧化钠能溶解蛋白质。

刷墙用的石灰主要成分为氢氧化钙,也是一种碱。还有医院用来消毒的氨水($NH_3 \cdot H_2O$)。胃药中也含有碱,通常为 $Al(OH)_3$,因为胃痛有时是因为胃中的胃酸过多引起的,加入碱可以中和一下,将过多的酸反应掉。

将碱溶解在水中,形成的水溶液自然就有碱性,如果加入酸碱指示剂如紫色石蕊试液,溶液就变成蓝色。但是,某些碱,如 $Al(OH)_3$ 不能在水中溶解,因此就不能使酸碱指示剂变蓝色。

还有一些物质虽然不属于碱这一类,但溶于水后溶液也显碱性。比如,碳酸钠的溶液同样可以使酸碱指示剂变色。

碳酸钠是一种重要的化工原料,侯德榜改进的制碱方法制得的碱其实不属于碱这类物质,而是一种盐。

碳酸钠俗称苏打、纯碱。苏打是 soda 的音译。纯碱有两层含义:一是指碳酸钠在水溶液中因其水解后呈碱性;二是指在工业上最初用路布兰法制得的碳酸钠纯度不高,而后用索尔维法制得的碳酸钠纯度大大提高(纯度可达 99% 以上)。由此,人们习惯称它为纯碱。

纯碱也可以食用。我们大家可能听说过碱面,碱面就是在面粉或面条中加入纯碱。这样不仅可以去除发面时产生的酸,而且使面条吃起来口感更劲道。

化学中有"三酸二碱"一说,三酸二碱是化学工业中最基本的几种化工产品的总称。三酸指硫酸、硝酸、盐酸;二碱指烧碱和纯碱。

市场上的洗发水品种很多,你很难知道哪种产品最适合自己。市场上大多数的洗发水都是碱性的,因为碱有很好的去污能力,碱性的洗发水能很好地去除头屑。但是,碱性的洗发水也会使头发发干蓬松,相反,用酸性的洗发水可以使头发比较光滑。

不过,对于头发粗糙、卷曲的人来说,使用碱性的洗发水较好。这些洗发水可以软化头发,使头发不再卷曲。

因此,在市场上挑选洗发水时,要注意看上面的标签。最好的方法还是去药店买一包 pH 试纸,来测试一下买回来的洗发水的酸碱性。

# 80.药检风波与镉的发现

斯特罗迈尔是 19 世纪德国汉诺威省哥廷根大学的化学教授,同时他还兼任汉诺威省药物总监的职务。1817 年秋,斯特罗迈尔奉命去希尔德斯海姆这一地区视察。一次,在一家药店里,他随手从架子上拿起一瓶药,药瓶的标签上写着"氧化锌",可斯特罗迈尔一眼就看出那不是氧化锌,而是碳酸锌,虽然这两种化学药品都是白色粉末。他进而发现,这一带的药商几乎都是用碳酸锌代替氧化锌配制一种用来治疗湿疹及癣类皮肤病的药。

这种做法无疑是违反《德国药典》规定的,作为药物总监的斯特罗迈尔当然要干预过问。不过,斯特罗迈尔对此很奇怪,氧化锌通常是用加热碳酸锌来得到的,其制取方法非常简便,既然如此,那些药商们何苦要冒犯法的风险,用碳酸锌来代替氧化锌呢? 经过了解,斯特罗迈尔才知道,药商们其实也是冤枉的,他们的药品都是从萨尔兹奇特化学制药厂买进的,货运来时就是这样,而且氧化锌和碳酸锌都是白色粉末,也确实不大好辨认。

于是,斯特罗迈尔又追到萨尔兹奇特化学制药厂,原来,萨尔兹奇特化学制药厂生产出的碳酸锌,在加热制取氧化锌时,不知为什么一加热就变成了黄色,继续加热又呈现橘红色,他们怕这种带色的氧化锌没人要,就用碳酸锌来冒充了。

斯特罗迈尔对这件事非常感兴趣,因为正常的碳酸锌在加热时,会生成白色的氧化锌和二氧化碳,而不会出现变色现象,现在总是出现变色现象,其中必有缘故。于是斯特罗迈尔取了一些碳酸锌样品,带回哥廷根大学进行分析研究。

斯特罗迈尔把碳酸锌样品溶于硫酸,通入硫化氢气体,得到了一种黄褐色的沉淀物,当时很多人都认为这种黄褐色物质是含砷的雄黄。如果真是这样,萨尔兹奇特化学制药厂将要承担出售有毒药物的罪名,因为砷化物是有剧毒的,这可急坏了药厂的老板。但斯特罗迈尔并没有简单地下此结论,他继续分析这种黄褐色的沉淀物。不久,斯特罗迈尔排除了沉淀物中含砷的可能性,并宣布从中发现了一种新元素,引起碳酸锌变色的正是它!新元素的性质与锌十分相近,它们往往共生于同一种矿物中。新元素被命名为镉,由于镉在地表中的含量比锌少得多,而沸点又比锌低,冶炼锌时很容易被挥发掉,所以它才长久地隐藏在锌矿中而未被发现。

镉主要用于电镀中,镀镉的物体对碱的防腐蚀能力很强;金属镉还可做颜料;镉还可以做电池原料,镉电池寿命长、质轻、容易保存。但是后来进一步的研究发现,镉也是含有剧毒的元素之一。

# 81.戴维发现笑气

英国化学家戴维,1778 年出生于彭赞斯。因为他的父亲过早去世,母亲无法养活 5 个孩子,于是卖掉田产,开起女帽制作店来。但他们的日子还是越过越苦。戴维从小勇于思索,他的兴趣很广泛,在学校最喜欢的是化学,常常自己做实验。

17 岁的时候,戴维到博莱斯先生的药房当了学徒,既学医学,也学化学,除了读书外,还做些较难的化学实验,为此,人们送他一个"小化学家"的称号。

一天，一个叫贝多斯的物理学家，登门拜访了这个"小化学家"，并邀请他到条件比较好的气体研究所去工作。

戴维欣然受聘，来到贝多斯的研究所。该所想通过各种气体对人体的作用，弄清哪些气体对人体有害，那些气体对人体有益。

戴维接受的第一项任务是配制氧化亚氮气体。戴维不负众望，很快就制出这种气体。当时，有人说这种气体对人体有害，而有的人又说无害，众人各持己见，莫衷一是。制得的大量气体，只好装在玻璃瓶中留着备用。

1799年4月的一天，贝多斯来到戴维的实验室，见已经制出的氧化亚氮，高兴地说："啊，不错，您的工作令人十分满意……"贝多斯夸奖戴维的话还未说完，他一转身，不小心把一个玻璃瓶子碰掉在地上打碎了。

戴维慌忙过来一看，打碎的正是装有氧化亚氮的瓶子，忙问："手不要紧吧？"

"没事，真对不起，我把您的劳动成果浪费了。"贝多斯边说边捡碎玻璃。

"没什么，我正要做实验呢，想看看这种气体对人体究竟会有什么影响，这样一来也省得我开瓶塞了……"戴维的话还没说完，就被贝多斯反常的表情弄得惊慌失措。

"哈哈哈……"一向沉着、孤僻、严肃得几乎整天板着脸的贝多斯，今天突然大笑起来，"戴维，哈哈哈……我的手一点儿都不疼，哈哈哈……"

"哈哈哈……真的不疼？哈哈……"刚才还处于惊慌的戴维也骤然大笑起来。

两位科学家的笑声，惊动了隔壁实验室的人。他们跑来一看，都以为他们两个人得了神经病。等一阵狂笑之后，两个人逐渐清醒。贝多斯被玻璃划破的手指感到了疼痛，原来氧化亚氮不仅使他俩狂笑，而且使贝多斯麻醉、不知手痛。

事隔不久，戴维患了牙病，便请来了牙科医生德恩梯斯·舍派特。

医生决定把他的牙拔掉。当时根本没有什么麻醉药,医生硬是把牙齿给拉下来,疼得戴维浑身冒汗。这时,他猛然想起前不久发生的事——贝多斯手划破了,可闻了那氧化亚氮后却一点儿也没感觉到痛。于是,他赶忙拿过装氧化亚氮的瓶子连吸几口,结果,他又哈哈大笑起来,同时也感觉不到牙痛了。

经过进一步的研究,戴维证实氧化亚氮不仅能使人狂笑,而且还有一定的麻醉作用。戴维就为这种气体取了个形象的名字——笑气。

戴维将关于笑气的研究成果写进《化学和哲学研究》一书,立即轰动了整个欧洲。外科医生们纷纷用笑气做麻醉药,使本来满是刺耳的喊叫声的手术室,弥漫了一片笑声,病人的痛苦也减轻了许多。

戴维发现笑气的时候,年仅 21 岁。从此,他成了闻名欧洲的青年科学家。

后来,戴维继续从事科学研究,首先制取了金属钾、钠、钙、镁、钡和非金属硼,还发明了矿工用的安全灯,为人类做出了很大贡献。

# 82.演讲天才戴维

随着科学的不断发展,英国的一位著名的物理学家伦福德伯爵,敏锐地觉察到普通大众有着想更多了解科学的需求。

于是在 1799 年的英国伦敦,他通过私人募捐,创办了皇家研究院(与英国皇家学会是两个完全不同的机构),目的是为了普及科学知识。

但是,这一科学团体并不进行教学活动,而是定期举办各种讲座,聘请当时一些知名的教授向人们讲授科学的新发现及其应用。

1801 年年初,经别人推荐,戴维被皇家科普协会聘请。伦福德伯爵早就听说过戴维发现笑气的事,但是他们第一次见面时,戴维衣着很破旧,神态也很拘谨,伦福德很失望。考虑到他很年轻,就委任他为化学助教,兼管实验室。

不久戴维丰富的知识和高超的实验技术使伦福德意识到他最初的印象是个错觉,所以戴维到职后第六个星期就升任副教授,第二年又被提为教授,成为皇家科普协会第二任化学教授。

这样,戴维便成为皇家研究院定期开设的科学讲座的主讲人。他仅仅用几次讲课,就赢得了杰出演说家的声誉。

此后,戴维在皇家研究院的讲坛上所做的每次讲演,都引起了社会上各方面人士的兴趣,致使伦敦的男女老幼都以听他的讲演为时尚。

一次,戴维不幸感染了伤寒,讲座之后他再也撑不住了,在医院里几经救治才渐渐恢复。这期间因为来探望的人太多,院方只好在大门口挂一个告示牌,用来公布戴维当天的病情。

著名科学家法拉第也是在听戴维讲座的时候,作了详细的笔记,并由此受到戴维的赏识而成为他的助手。后来,法拉第接替戴维主持科学讲座。英国皇家研究院之所以能成为世界上很著名的一个科学机构,其早期的声望主要应归功于戴维和法拉第。

在戴维晚年的时候,有友人问他一生中重要的发现是什么。戴维表示,在1813年聘任法拉第作为实验助手,是自己一生中最重要的发现。

法拉第正是在戴维的提携下,由一个印刷工成长为科学巨星的。这件事后来也成为科学史上的一段佳话,广为流传。

# 83.金属有记忆能力吗

在茫茫无际的太空,一架美国载人宇宙飞船,徐徐降落在静悄悄的月球上。安装在飞船上的一小团天线,在阳光的照射下迅速展开,伸张成半球状,开始了自己的工作。是宇航员发出的指令,还是什么自动化仪器使它展开的呢?都不是。因为这种天线的材料,本身就具有奇妙的"记忆能力",在一定温度下,又恢复了原来的形状。

多年来,人们总认为,只有人和某些动物才有"记忆"的能力,非生物是不可能有这种能力的。可是,美国科学家在 20 世纪 50 年代初期偶然发现,某些金属及其合金也具有一种所谓"形状记忆"的能力。这种新发现,立即引起世界上许多科学家的重视。他们研制出一些形状记忆合金,广泛应用于航天、机械、电子仪表和医疗器械上。

为什么有些合金不"忘记"自己的"原形"呢?原来,这些合金都有一个转变温度,高于转变温度,它具有一种组织结构,而在转变温度范围之内,它又具有另一种组织结构。结构不同则性能不同,上面提及美国登月宇宙飞船上的自展天线,就是用镍钛型合金做成的,它具有形状记忆的能力。这种合金在高于转变温度时,坚硬结实,强度很大;而低于转变温度时,它却十分柔软,易于冷加工。科学家们先把这种合金做成所需的大半球形展开天线,然后冷却到一定温度下,使它变软,再施加压力,把它弯曲成一个小球,使之在飞船上只占很小的空间。登上月球后,利用阳光照射的温度,使天线重新展开,恢复到大半球的形状。

# 84.偶然发现的酸碱指示剂

有一天清晨,英国化学家波义耳像往常一样正准备到实验室去做实验。一位园艺工人为他送来一篮非常鲜美的紫罗兰,喜爱鲜花的波义耳顺手将美丽的鲜花带进了实验室。

在实验过程中,一位实验助手不小心把少量的盐酸溅到了鲜花上。为洗掉花上的酸液,这位助手把花放到水里,一会儿紫罗兰颜色变红了。

波义耳把这一切都看在眼里,科学家特有的好奇心使他对这一偶然的变化充满了兴趣。他认为,可能是盐酸使紫罗兰颜色变为红色。那么,其他酸是不是也有这种本领呢?

为了进一步验证自己的设想,他让助手立即取来当时已知的几种酸的溶液,把紫罗兰花瓣分别放入这些溶液中,结果现象完全相同,紫罗兰都变为红色。由此他推断,不仅盐酸,其他各种酸也都能使紫罗兰变为红色。

科学家的思路一旦被打开,他便不会轻易停下自己前进的脚步。

如果把紫罗兰花瓣放入不显酸性的溶液中,情况会如何呢?波义耳又开始了紧张的验证工作,实验表明,如果是碱性溶液紫罗兰花瓣没有变为红色,而是变为蓝色。

波义耳想,这太重要了,以后只要把紫罗兰花瓣放进溶液,看它是变为红色还是蓝色,就可判别这种溶液是酸性还是碱性。

自然界中有许许多多种五颜六色的花瓣,能不能用其他花瓣来代替紫罗兰呢?很快,这位追求真知、不知疲倦的科学家,采集了牵牛花、苔藓、月季花等来做试验,也产生了一些变色现象。

波义耳想如果能将花瓣中有用的部分提取出来,保存在实验室里,那不是更方便吗!

他找来很多植物花瓣并制成花瓣的水或酒精的浸液。他甚至还找来了很多药草、树皮和各种植物的根,泡出了多种颜色的不同浸液。

有趣的是,他从石蕊苔藓中提取的紫色浸液,酸性溶液能使它变红色,碱性溶液能使它变蓝色,这就是最早的石蕊试液,波义耳把它称作酸碱指示剂。

为使用方便,波义耳用一些浸液把纸浸透,烘干制成纸片,使用时只要将小纸片放入被检测的溶液,纸片上就会发生颜色变化,从而显示出溶液是酸性还是碱性。

今天,我们使用的石蕊试纸、酚酞试纸、pH 试纸,就是根据波义耳发现的原理制成的。

# 85.蛋白质会使人体中毒吗

　　世界上形形色色的生物体体内都含有蛋白质,人的血液、肌肉、内脏,甚至皮肤、指甲、头发都含有蛋白质。人体必需每天摄取一定量的蛋白质,全身的细胞才能正常活动,假如缺少蛋白质,就会体弱多病,容易衰老甚至影响寿命。

　　在人类的食物中,像豆制品、瘦猪肉、鸡蛋、鱼、虾等都含有比较多的蛋白质,是很好的营养食品。但并不是摄入的蛋白质越多越好,尤其是一些病人,多吃含高蛋白的甲鱼、海参、老母鸡等,反而不利于恢复健康。

　　1945 年 6 月,一部分关在希特勒集中营里的人自由了,受到设宴款待,他们在忍受了长时间的饥饿以后,看到丰盛的酒菜就狂饮大吃起来。结果,不少人断送了自己的生命,经过专家的研究,发现这是由于他们多吃了高蛋白质食物,引起了"蛋白中毒"。

　　原来,人们吃了大量的高蛋白食物后,要靠人体里的胃蛋白酶等消化酶的帮助,才能把蛋白质分解成氨基酸,送到身体的各个部分,构成新组织蛋白质;老组织蛋白质"自动让位",分解成氨基酸,不管是哪种氨基酸,都会分解出一些有毒的氨来,健康人的肝脏有分解有毒氨的功能,所以不会中毒。但是较长时间处于饥饿状态下的人,或患有肝病、肾病和糖尿病的人,吃了大量的高蛋白食物,使血液中的氨含量增多,大大超过了肝脏的解毒能力,就会出现中毒症状。如果氨随着血液进入了脑组织,会使脑组织缺乏能量,造成全身代谢停止,轻则使人昏迷,重则导致死亡。

蛋白质和糖、脂肪不一样。脂肪和糖在人体里多了可以储藏起来，以后慢慢地供人体使用，蛋白质却不能，多余的蛋白质总要设法变成氨基酸，无法及时排出体外便会变成有毒物质危害身体。

# 86.维勒与钒擦肩而过

1831年初春的一天，德国化学家维勒坐在窗前，正凝神阅读他的老师——瑞典化学家贝采利乌斯的来信。此刻，他被信中关于凡娜迪斯女神的故事深深吸引了。

故事是这样写的——

很久以前，在北方一个极遥远的地方，住着一位美丽而可爱的女神凡娜迪斯。女神过着清静的日子，十分逍遥自在。

一天，突然有位客人来敲她的房门，凡娜迪斯因为身体疲乏，懒得去开门，她想："让他再敲一会儿吧！"谁知，那人没有再敲，转身走了。

女神没有再听到敲门声，便好奇地走到窗口去看："啊，原来是维勒！"凡娜迪斯有些失望地看着已经离去的维勒："不过，让他空跑一趟也是应该的，谁叫他那样没有耐心呢！"

"瞧，他从窗口走过的时候，连头都没有回一下。"说着，女神便离开了窗口。

过了不久，又有人来敲门了，他热情地敲了许久，孤傲的女神不得不起身为他开了门。这位年轻的客人名叫塞夫斯特穆，他终于见到了美丽的凡娜迪斯女神……

故事里的凡娜迪斯是一种刚刚发现不久的化学元素——钒的名称。一年前，维勒在分析一种墨西哥出产的铅矿时，发现了钒，由于钒是一种稀有元素，提纯起来很困难，加上当时维勒身体状况也不大好，提纯钒的工作便停了下来。

就在这时候，一位叫塞夫斯特穆的瑞典化学家在冶炼铁矿时也发现了钒，并且克服了重重困难完成了钒的提纯工作。塞夫斯特穆用瑞典神话中一位女神的名字凡娜迪斯，给新元素取名为钒。

两位科学家都曾敲响过新元素的大门，一个半途而废，另一个却成功了，他们所差的只是一种锲而不舍的精神。为了使维勒汲取这次教训，贝采利乌斯特意为维勒编写了这个美丽动人而又含意深刻的故事。

贝采利乌斯是瑞典杰出的化学家，他23岁时就在斯德哥尔摩医学院担任副教授，主讲医学、植物学及药物学。贝采利乌斯不但课讲得好，而且非常注重实验，他发现了硒、硅、钍、铈和锆5种元素。他的名声遍及欧洲各国，许多爱好化学的年轻人，都不远千里来到斯德哥尔摩，求学于他的门下，维勒和塞夫斯特穆都曾经是他的学生。

在发现元素钒的过程中，贝采利乌斯不仅热情地告诫维勒，也积极地帮助塞夫斯特穆，钒的提纯工作，就是在贝采利乌斯的实验室里完成的。可以说，钒的发现是塞夫斯特穆和他的老师共同努力的结果，但是，在提交给科学院的论文上，贝采利乌斯只写了塞夫斯特穆一个人的名字，他说："我要让他独享发现的荣誉。"

# 87.药品中的特种兵——锂

锂，是一种人们不太熟悉的元素。它是一种柔软的银白色的金属，别看它的模样跟有些金属差不多，但它的作用却与众不同。在医学上锂是作为一种治疗精神病的药物——碳酸锂服务于医学界的。发现这个用途的是澳大利亚一位名叫卡特的精神病学家。

20世纪40年代中期，卡特发现，从某些英国的水井中取出来的水有助于治疗精神病,经过化验发现,这些井水中恰恰含有锂的化合物。

在寻找癫狂症、精神压抑症病因的过程中,卡特发现,甲状腺的过分活化或者过分不活化,会引起这种精神失调症;在对患者进行临床观察时,卡特曾推测,有一种存在于尿中的物质可能是造成癫狂症和精神压抑症的主要原因。于是他就将某些癫狂病人的尿的试样有控制地注射到猪的腹腔中去,结果发现猪果然中毒了。他猜测这种毒性分子可能就是尿酸。然而当卡特进一步想用尿酸做试验时却碰到了具体的困难,因为尿酸在水中的溶解度低,于是他又考虑用尿酸盐来代替,其中尿酸锂的溶解度比较大。当给试验过的猪注射尿酸锂溶液以后,卡特出乎意外地发现这种试验使动物的中毒现象大大降低。这就说明锂离子可以抵御尿酸所产生的毒性。于是卡特进一步用碳酸锂代替尿酸锂,试验取得了更好的效果,这便有力地证明了锂盐具有治疗癫狂症和精神压抑症的作用。

20世纪40年代后期,卡特开始把他的成果应用于临床试验,即用碳酸锂来治疗到他那儿就医的、有限的、比较合适的病人。在取得成功的那些病例中,有一个最引人注目的例子。这位患者已经51岁,他处在慢性的癫狂性的兴奋状态已有足足5年。他不肯休息一下,有时还要胡闹和捣乱,经常妨碍别人休息,因而成为被长期监护的对象。但是这位患者经过卡特医生三周的锂化合物的治疗以后,便开始安定下来,并且很快成为恢复期的病人。以后,这位患者又经过一段时间的观察,并继续服用了两个月的锂药剂后,就完全康复了,并且很快地回到了原来的工作岗位。

从卡特的研究取得成功,直到今天为止,锂盐已经广泛地被用来治疗精神失调症,虽然锂的作用机理还有待于进一步探讨研究,但是它的治病效果却是可以肯定的,并且也是非常惊人的。卡特的工作成果是十分宝贵的,因为他仅仅是用了一种简单的无机化合物,便能控制住难治的精神失调症。

# 88.铜的使用和冶炼

金属铜在生活中有着十分广泛的应用。环顾四周,你能找出哪些物品中含有铜吗?如果想在这场找东西的游戏中胜出,那么最好先了解一下金属铜的一些信息。

当你无意中将手放入衣服口袋时,发现里面居然有几个硬币。拿出这些硬币,五角硬币的黄色显得十分另类和抢眼。硬币中不同的金属材料成分造成了它们颜色的差异,而五角硬币正是用铜和锌铸造的。

青铜器时代,人们就开始认识并使用铜了。在自然界中,绝大多数金属都比较活泼,它们与别的元素结合在一起以化合物状态存在,只有金、银、铜等少数金属可以以单质的状态存在。关于金属存在的状态,我们举一个例子来说明一下。铁制品时间久了会在表面形成铁锈,这里未生锈的铁就是单质状态,铁锈就是铁和氧元素结合在一起以化合物状态存在的物质。如果把铁锈收集起来,我们可以将铁锈转变为铁,实际上,这就是炼铁了。

几千年前,当人类无意中从矿石中发现天然的铜后,铜就因其优良的特性而很快被用来制作生产生活用具、兵器、货币和各种工艺品。随后,当人们发现向铜中加入一些其他金属制得的铜合金,从而获得了一些与铜本身不同的性质后,铜及铜合金制品的应用变得更为广泛。

而自然界中存在的天然铜的数量十分稀少,逐渐不能满足人类的需求,因此,人们开始尝试从含有铜的矿石(这里的铜以化合态存在)中冶炼出纯净的铜。

最先炼铜的方法是将含铜的矿石和木炭混合在一起加热。唐朝末期,我国劳动人民将葛洪记录的胆矾里的铜能被铁置换这一原理应用到生产中去,从而发明了一种炼铜的方法——湿法炼铜。这一方法不断得到发展,到了宋代已成为大量生产铜的重要方法之一。

湿法炼铜也称胆铜法,其生产过程主要就是把铁放在胆矾溶液(俗称胆水,主要成分为 $CuSO_4 \cdot 5H_2O$)中,使胆矾中的铜被铁置换出来,然后将置换出的铜粉收集起来,再加以熔炼、铸造。

人们通常在胆水产地就近随地形高低挖掘沟槽,用茅席铺底,把生铁击碎,排放在沟槽里,将胆水引入沟槽浸泡,利用铜盐溶液和铁盐溶液的颜色差异,浸泡至颜色改变后,再把浸泡过的水放去,茅席取出,沉积在茅席上的铜就可以收集起来,再引入新的胆水。只要铁未被反应完,便可周而复始地进行生产。

湿法炼铜的优点是设备简单、操作容易,不必使用鼓风、熔炼设备,在常温下就可提取铜,节省燃料,只要有胆水的地方,都可应用这种方法生产铜。

# 89.电解创出的奇迹——钾

通常我们知道电池的电解作用可以将水分解出两种气体,就是氢气和氧气,并且正极氢气和负极氧气的体积比是 2∶1,质量比是 1∶8。但是我们可能从未对电池的电解作用有过真正的探索。历史上曾有科学家对电池的电解作用产生了很大的兴趣,于是就开始了对它的探索,因为科学家想,人造机器的力量是无穷的,一定可以用电来分解各种物质以发现新的元素。这位科学家正是英国化学家戴维。

戴维选择了最常见的草木灰作为首选,他将草木灰配成饱和溶液,然后将电池组的导体插入溶液两端。顿时,溶液中产生大量气泡,于是,他就把气体收集起来并检验,可是很令人失望的是被分解出来的只是我们所了解的氢气和氧气。也就是说被分解的是溶液中的水,草木灰原封未动。

"水攻"不成就改为"火攻"吧,于是戴维同其他研究人员将草木灰放入白金勺里,用酒精灯将它加热熔化,然后把电池的一根导线接在白金勺上,另一端插入草木灰中,他们发现了淡紫色的火出现在眼前,兴奋得不得了,可兴奋过后他们发现这紫色的小火舌根本无法收集,一定是有新元素产生了,但它极易燃烧,在这种特定的高温条件下,一分解出来就燃烧了,所以根本无法获得。

"水攻"不行,"火攻"也不行,于是科学家们绞尽脑汁,突生一计,只要把草木灰稍稍打湿使它能够导电,这样没有溶液了,草木灰一定会被反应被分解,且没有高温环境的限制,分解出来的物质就不会凭空消失了。他们立刻拿了一个铂制的水盘盛了些草木灰,在空气中放置片刻,由于吸湿,草木灰变得潮乎乎的,这时,他们用导线将铂制小盘与电池的负极相连,将一条与电池正极相连的铂丝插到草木灰中,片刻之后,忽听"啪"的一声,铂丝周围的草木灰逐渐熔融,并且越来越剧烈。最终这些草木灰被分解了,负极铂盘周围有强光产生,出现了带金属光泽的、酷似水银的颗粒,有的颗粒刚一形成,立即燃烧起来,发出美丽光亮的紫色火焰,有的颗粒侥幸保存下来,却很快失去光泽,蒙上一层白膜,这样新的金属就被发现了。

当戴维做演示实验的时候,他取出一小块新发现的金属,擦干后用小刀轻轻地划下一小块,扔进一个盛满水的玻璃缸里,不久那块金属带着咝咝的响声,伴随着紫色的火焰,在水面上着了魔似地乱窜,且体积越来越小,慢慢地消失在水里,你们能猜出这种金属是什么吗?

它就是金属元素钾,呈银白色,蜡状,并且我们知道它是在草木灰中提炼出来的,也就是说钾的化合物还有一个重要的用途那就是制化肥。

# 90.肥皂的意外发现

现在的洗涤用品种类繁多,琳琅满目。但它们的老祖宗,都是现在不起眼的肥皂。

考古学家认为,肥皂至少在 3 000 多年前就有了。迄今为止,人们公认的肥皂的起源地是古埃及。据埃及的一本古书记载:一天,一位埃及法老设宴招待邻邦的君主。法老准备了极丰盛的饭菜,在御膳房里,上百名厨师正在炊烟中忙着做各种复杂的菜品。忽然,一个厨师不慎将一盆油打翻在炭灰里,他急忙用手将沾有油脂的炭灰捧到厨房外面倒掉。等他回来用水洗手时,意外地发现手洗得特别干净。厨师非常奇怪,因为平时厨师们洗手时,为了去掉油污,都先用细沙搓一遍,然后再用清水洗。而这次他没有用沙子,就将油污洗得很干净。于是,他请其他厨师来试一试。结果,每个人的手都洗得同样干净。从此以后,王宫的厨师们就把沾有油脂的炭灰当作洗手的东西。后来,这件事情让法老胡夫知道了,他就吩咐仆人按照厨师们的方法把掺有油脂的炭灰制成一块一块的。这就是人类历史上最早的肥皂。

后来,这种制造肥皂的方法渐渐地传到了希腊,又传到罗马和英国。在古罗马,人们制造肥皂是用山羊、绵羊或牛的油脂加水和由树木烧成的灰制作的。那时人们不仅用肥皂洗脸,还制出了彩色的肥皂来给头发上色。在英国,女王伊丽莎白一世下令在布里斯吐勒建了一座皇家肥皂厂,这是世界上第一家肥皂厂。英国人用煮化的羊脂混以烧碱和白垩土制作肥皂,而女王用这种肥皂来洗澡。俄国在彼得大帝时也出现了肥皂,但只有贵族才能使用。

又经过了几百年,1791 年,法国化学家路布兰首先用电解食盐的方法制得烧碱,然后再让烧碱与油脂发生化学反应,来制造肥皂。这种方法既简便又降低了肥皂的成本。从此,肥皂才成为一种价廉实用的日用品,进入了寻常百姓家。

# 91.南极探险悲剧的"导演者"

1910 年的一天,英国探险家卡普顿·罗伯特·斯科特抱着征服南极的决心,率领一支探险队出发了。

他们向着一望无垠的冰原奋力挺进,并沿途建了一些贮藏库。库里放着返回时需用的食物和白锡焊封的铁罐,罐里装满煤油。

1912 年初,探险队终于到达了南极极点,成功的喜悦让卡普顿和队员们忘记了疲劳,他们欢呼、跳跃……

胜利返回了,当他们走进第一个贮藏库时,却被里面的情景惊呆了,煤油罐的焊缝全部裂开,罐里空荡荡的。

在荒无人烟的冰雪世界中,人没有煤油就意味着死亡。他们匆匆地来到第二个贮藏库,情况仍让他们失望,罐子"四分五裂",罐里的煤油不翼而飞。

暴风怒吼,严寒无法阻挡,饥寒交迫的卡普顿和队员们终于一个个倒在雪地上,一动也不动了,但他们那呆滞的目光里充满了疑惑——煤油罐的焊缝怎么会裂开呢?

是啊,在这除了冰雪什么都没有的白色世界里,是谁导演了这场悲剧呢?

为了帮大家弄清这个故事,再讲这样一个故事。

20 世纪初的一个冬天,圣彼德堡的一座军需库内发生了一起"大案件",士兵服上所有的锡钮扣都不见了,装有这些士兵服的箱子中都有一些灰色粉末,后经化验,这些灰色粉末就是做扣子用的锡,这才使负责仓库的军需官免遭酷刑。

通过这件事,再来找南极探险悲剧的"导演者"便不难了。那导演者究竟是谁呢?扣子失踪后,箱底的灰色粉末又是什么?

其实,悲剧是由严寒"导演"的,"演员"却是做焊锡用的白锡。

白锡是一种银白色、带有蓝光的较柔软的金属,它具有良好的延展性,但却既不耐冻也不耐热,尤其遇冷时情况会变得更糟糕,温度高于161℃时,白锡会变得脆弱,一压就成了粉末,温度低于−13.2℃时,白锡体积膨胀,变得松软,如果大幅度降温,这样的变化进行得会更快,一块白锡会一下子变成一堆灰色粉末,这些灰色粉末是锡的孪生兄弟——同素异形体"灰锡"。

白锡"生病"先从某一点开始,然后迅速蔓延开来,因此又称为"锡疫",锡疫的"传染性"很强,白锡只要一接触灰锡,便会迅速变为灰锡。

根据白锡的上述特性,就不难理解在冰天雪地里用白锡焊封的铁罐为什么会裂开了。

为了防止类似的悲剧重演,化学家们通过研究找到了"锡疫"的克星——铋,只要在白锡里掺进一些铋,白锡就会处于稳定状态,温度再低,也不会变成灰锡了。

# 92.重氢的发现者——尤里

哈罗德·克莱顿·尤里,美国宇宙化学家、物理学家。因发现氘(重氢,氢的同位素)获得 1934 年诺贝尔化学奖。

尤里出生于美国印第安纳州的沃克顿。在他 6 岁的时候,在乡间当牧师的父亲去世了。继父也是一位牧师,他帮助尤里完成了幼年的教育。中学毕业后，尤里没有足够的学费，无法继续上大学，只好自己想办法。为了筹集上大学的费用，他当了 3 年乡村学校的教师。

21 岁时，尤里进了蒙大拿大学，上大学之后，为了节约开支，他没有租公寓，而是在学校的一处空地上搭了一个帐篷，在里面学习、生活。他还尽可能地利用假期到外面去做工。

第二次世界大战期间，尤里参加了美国政府研制原子弹的"曼哈顿"计划。

尤里负责研究铀 235 和铀 238 的分离方法。他的办法是，首先使铀变成铀的氯化物，使它以气态形式存在。然后使这些气体通过钻有许多细孔的板，当它们通过细孔时，较轻的铀 235 分子扩散的速度要比较重的铀 238 稍快一些。这样一来，在通过多孔板之后，气体中铀 235 的含量就会提高，连续通过约 5 000 道多孔板，铀 235 的含量就达到所需要的标准了。

第一颗原子弹就是用这种方法分离出来的铀制成的。

尤里当初是怀着对德、意、日法西斯强烈的愤恨参加到"曼哈顿计划"中来的。他和其他科学家一道努力制造出了原子弹，但是原子弹的巨大破坏力给渴望和平的居民带来了可怕的灾难。

因此，尤里坚决反对使用原子弹等核武器。特别是他一生的最后十多年里，通过公开讲演和发表文章呼吁禁用核武器，他在临终之前还一再强调，原子能只能用于和平目的。

战后，尤里用相当一部分精力从事宇宙化学方面的研究。他研究了地球、陨石、太阳及其他恒星的元素丰度及同位素丰度。20 世纪 50 年代，他与学生米勒设计了一套仪器，模拟原始地球大气的成分和条件，在甲烷、氨、氢和水蒸气混合物中，连续进行了一星期的火花放电后，形成了十多种氨基酸。这说明在原始大气中产生蛋白质是可能的，这为生命起源的研究提供了一个方向。

# 93.物质本原的猜想

早在商周时期,中华民族的祖先就提出了五行说,用金、木、水、火、土这五种常见的物质来说明宇宙万物的组成和起源。到了春秋战国时期,五行学说发展为五行相生相克的观念。五行相生,如木生火,火生土,土生金,金生水,水生木;五行相克,如水克火,火克金,金克木,木克土,土克水。五行学说中的合理因素,对我国古代的天文、历法和医学等方面都起了一定的作用。古代印度人也提出过与此类似的"五大学说",指的是地、水、火、风、空。

在春秋时期,人们普遍认为宇宙间的万事万物都是由神的意志来统治和主宰的,最高的神是天,称为上天或天帝,所以,几乎所有的人都敬畏上天。大学问家老子与这些人不同,他认为,天地是没有仁义的,它对于万事万物,就像人对待用草扎的祭祀用的狗一样,用完了就扔,不会有什么爱憎之情的。那么,天地万物的根本是什么呢?老子认为,有一样东西,在天地万物运行之前就存在了,世界上的所有东西都是由它产生的,没有了它,就什么也不会有,这个东西是什么呢?它就是"道",即世界的本原是"道"。老子说:"道生一,一生二,二生三,三生万物。"那么,"道"又是一种什么样的东西呢?老子认为道是不能用语言表达的一种看不见、听不着、摸不到的混混沌沌的东西。遇见它时,看不到它的前面;跟着它时,看不见它的后面。然而,它又无处不在。按老子所说:"道之为物,惟恍惟惚。惚兮恍兮,其中有象;恍兮惚兮,其中有物。"老子说的"道"是精神还是物质,学术界对此有不同的看法。

大约公元前600年,有个叫泰勒斯的哲学家,他认为水是万物的本原,自然界万物均由一种基本物质(水)组成,地球是漂浮在水面上的圆盘。泰勒斯的学生阿那克西曼德认为,万物的本原是一种叫作"无限定"的不固定的物质,它在运动中分裂出冷和热、干和湿等对立的东西,并且产生万物。而同时代的哲学家阿那克西米尼认为,气才是万物的本原,他指出,气的稀散成为火;气的凝聚按其程度的不同,依次成为风、云、水、土和石头。气的这种稀散和凝聚形成万物,万物也可转化为气。

到了公元前 500 年,哲学家赫拉克利特认为,火是万物的本原。他说:"这个世界不是任何神所创造的,也不是任何人创造的;它过去、现在和未来永远都是一团永恒的火,在一定的分寸上燃烧,在一定的分寸上熄灭。"他认为世界万物都在永远不停地变化着,犹如川流不息的江河,并用许多生动的事例描绘了这种运动和变化的画面。比他晚几十年,又有个叫阿那克萨哥拉的哲学家,认为万物的本原是"种子",它的数目无限多,体积无限小,还具有各种形式、颜色和气味。他主张每一物体都是各类性质不同的种子混合而成,比如身体要靠食物滋养,食物就必然含有构成血和肉的种子。哪一类种子在数目和体积上占得多,物体就表现出哪一类的性质。

大约在公元前 400 多年,古希腊的哲学家德谟克利特和留基伯首先提出了原子学说,把构成物质的最小单元叫作原子。认为,原子是一种不可分割的物质微粒,它的内部没有任何空隙。原子的数量是无限的,它们只有大小、形式和排列方式的不同,而没有本质的差别。原子在无限小的虚空中剧烈而无规则地运动着,互相碰撞,形成旋涡,产生世界万物。

1803 年,英国化学家和物理学家道尔顿用原子的概念来阐明化合物的组成及其所服从的定量规律,并通过实验来测量不同元素的原子质量之比,即通常所说的"原子量"。这种始自化学的原子假说叫作"化学原子论",也可以说是科学的原子论。

道尔顿认为:"化学的分解和化合所能做到的,充其量只能让原子彼此分离或重新组合。物质的创生和毁灭,不是化学作用所能达到的。就像我们不可能在太阳系中放进一个新行星消灭一个老行星一样,我们也不可能创造出或消灭掉一个氢原子。"

道尔顿的原子学说主要内容有:

(1)一切元素都是由不能再分割和不能被毁灭的微粒所组成,这种微粒称为原子;

(2)同一种元素的原子的性质和质量都相同,不同元素的原子的性质和质量不同;

(3)一定数目的两种不同元素化合以后,便形成化合物。

原子学说成功地解释了不少化学现象。随后意大利化学家阿伏伽德罗又于1811年提出了分子学说,进一步补充和发展了道尔顿的原子学说。他认为,许多物质往往不是以原子的形式存在,而是以分子的形式存在,例如氧气是以两个氧原子组成的氧分子,而化合物实际上都是分子。从此以后,化学由宏观进入到微观的层次,使化学研究建立在原子和分子水平的基础上。

由于时代的局限性,道尔顿不太可能预见到百年之后化学作用之外的物理作用的巨大威力。科学的发展表明,采用物理手段,就像在太阳系中放进一个新行星或消灭一个老行星一样,不仅能创造出或消灭掉任意一个原子,而且还能分割原子核乃至更深层次的基本粒子。

# 94.燃烧的实质

某一天,法国化学家拉瓦锡决定测量一下燃素的具体质量是多少。他用天平称量了一块锡的质量,随即点燃它。等金属完完全全地烧成了灰烬之后,拉瓦锡小心翼翼地把每一粒灰烬都收集起来,再次称量了它们的质量。结果使得当时实验的拉瓦锡瞠目结舌。按照燃素说,燃烧是燃素离开物体的结果,所以燃烧后的灰烬应该比燃烧前要轻。退一万步,就算燃素完全没有质量,燃烧前后的物质也应该一样重。可是拉瓦锡的天平却说:灰烬要比燃烧前的金属重,测量燃素质量成了一个无稽之谈。

拉瓦锡在吃惊之余,没有怪罪自己的天平,而是将怀疑的眼光投向了燃素说这一理论。

1774年,拉瓦锡设计了一个实验。他在一个密闭的容器里加热锡和铅,两种金属表面均起了一层金属灰。现在拉瓦锡已经知道,带有金属灰的金属比原来的要重。但这次他却发现,整个容器在加热后并不比加热前更重。

这就是说,如果金属肯定增加了质量,那么空气必定失去了质量。空气若有所减少,打开容器后,外面的空气就会补充进来,整个容器便会变重。果不其然,打开容器后的结果和拉瓦锡设想的没有两样。

这就是说,物质燃烧后质量增加的原因,是空气的一部分同该物质结合。因此,燃烧是一种化合现象。其中不论是燃素还是其他物质,都没有分离出来。

那么,物质燃烧是物质和空气中的哪一部分结合呢?正当拉瓦锡尚未完全弄清楚的时候,出乎意料,有一位贵客前来拜访,他就是英国的化学家普里斯特里。

时间是1774年10月,是普里斯特里发现氧气的那一年的秋天。主人详细听取了客人叙述的关于氧气的发现始末、实验方法和氧气的惊人性质等。拉瓦锡感到,这种气体正是自己所要寻找的气体。

了解了氧气的性质后,拉瓦锡脑海中深藏了很久的一个想法终于清晰起来。这个想法注定要掀起一场化学革命,因为它将给统治了化学界达百年之久的燃素说理论以致命一击。

1783年,他向科学院提交了一篇论文,提出了关于燃烧的新理论:氧化说,即燃烧是物质和氧气的化合。

同年,拉瓦锡在家里举行了一个特别的仪式,以宣告燃素说的终结。拉瓦锡夫人身着长袍,扮做女祭司的样子,焚烧了斯塔尔和其他燃素论者的著作。

1789 年,拉瓦锡的不朽巨著《化学纲要》出版,这是化学史上一个划时代的事件。它对化学的贡献相当于牛顿的《自然哲学的数学原理》对于物理学的贡献。因此拉瓦锡被称为"化学中的牛顿"。

拉瓦锡不是一个发现者,拉瓦锡没有发现过新的物质,也没有设计过真正新的仪器。他是一个理论家,一个革命者。他的伟大功绩在于:他把前人积累的十分丰富的实验事实,以数学和物理的手段,通过严格的合乎逻辑的步骤,阐明所得实验结果的正确解释,为化学发展奠定了的重要的基础。

# 95.独臂化学家萨姆纳

萨姆纳是美国生物化学家。由于在脲酶和其他酶方面的突出贡献,于 1946 年获得诺贝尔化学奖。

萨姆纳在上学时成绩平平,除物理和化学外,对其他科目都不感兴趣。他喜欢玩手枪,经常到野外打猎。他枪法准,待人随和,同学们都爱同他一道去野外打猎玩耍。

一天萨姆纳招呼同学一起去打猎。大家决定到 5 里路以外的草洼地附近去打野羊或是山鸡。只见,小伙子们散开来形成一个半圆形包围圈,向深草洼走去。突然,前方 300 米处,有一只大野羊,正低着头,朝萨姆纳他们这边蹚来。萨姆纳他们没想到这么容易就发现了猎物,几乎同时举起了手中的枪。啪!一声枪响,枪声划破寂静的长空,惊心震耳。就在枪响的同时,只听萨姆纳一声惨叫,手中的手枪应声掉在草地上。

"萨姆纳被枪打中啦!"离萨姆纳最近的一个同学发现他受伤了。原来是同伴吉米过于兴奋,不小心让枪走了火,子弹打进了萨姆纳的左臂。萨姆纳被钻心的剧痛折磨着,他疼得汗珠大颗大颗往下淌,嘴里叫道:"哎哟,我的手臂!"医生切除了萨姆纳的左小臂,萨姆纳的情绪一落千丈。

从此,他长时间将自己关在屋里,常为今后的日子发愁。作为富家子弟,父亲最大的愿望是萨姆纳能学业有成,步入仕途,出人头地。可面对这突如其来的残酷打击,一家人陷入了痛苦之中。残酷的现实,不得不令萨姆纳彻夜深思,他渐渐明白:人必须面对现实,谁的一生能没有几次刻骨铭心的意外打击呢?历史上身处逆境的有用之才,并不罕见。天底下第一要紧的是走自己的路。

从此,萨姆纳开始试着只用右手去做每一件事,在极为艰难的条件下,以超乎常人的毅力克服一个个难关。他坚持打网球、滑雪、溜冰等,进行各种技巧和耐力的训练,磨炼意志,增强身体素质。萨姆纳将大部分精力集中于自己热爱的专业,有人说他成了一个自然科学迷。萨姆纳靠自己坚强的毅力,考入哈佛大学,并毕业于该校化学专业。

为了向康奈尔大学医学院生物化学教授奥托·福林求教,萨姆纳辞去麻省瓦西斯特工学院的职务,来到康奈尔大学。独臂萨姆纳出现在福林教授面前时,福林教授感到惊讶。他压根儿也不曾想到,萨姆纳竟是一个残疾人。福林教授心想,眼前这位年轻人纵然有理想有学识,但少了一条胳膊,想在化学方面有所成就,困难太大。

因为,化学研究离不开实验,而萨姆纳的手……想到此,福林教授非常遗憾,又非常婉转地对萨姆纳说:"我想,你还是改学法律吧。萨姆纳,因为……""我知道,福林教授!"萨姆纳快人快语地说:"您的意思是,我不适合搞化学。我没有了一只手,所以得改行,对吧?"萨姆纳毫无退却的意思,他提高嗓门,斩钉截铁地对福林教授说:"不!我一定要攻读生物化学,我主意已定。福林教授,请答应我的请求吧。我不会让您失望的。"福林教授最终留下了萨姆纳。

为进一步充实自己,萨姆纳决定做一次欧洲之行。他先后到了布鲁塞尔、斯德哥尔摩、普萨拉等地,拜访名人、主持讲座以及进行学术交流。不久,第一次世界大战爆发,萨姆纳被迫中止欧洲之行。在接到老师的邀请后,他立即回到母校康奈尔大学,担任生物化学助理教授。

那时候,有关酶的研究领域,是一块尚未开垦的处女地。萨姆纳以惊人的毅力,顽强不屈地进行艰难的实验。1926年,萨姆纳首次通过实验方法,提取到尿素酶。与此同时,萨姆纳还发现酶可以结晶,并证明酶是蛋白质。他是最先认清这种物质的化学本质的。提取纯尿素酶之后,萨姆纳又先后提取了辅酶、氧化酶和蔗糖酶,人称这三个酶为"三大工业要素"。除研究工作外,萨姆纳在基础理论方面也下了不少功夫,写下不少专著。其中,最有影响的书是《酶》,酶学工作者公认此书为必读书。他的这些成就,在化学、生物学及医学方面都具有非常重要的意义。

对于一个残疾人而言,他所取得的成就是多么来之不易啊!让我们来听一听萨姆纳那段至今仍为科学界广为传诵的名言吧:"科学的进步不值得我们大惊小怪,怪只怪有的人在这科学日新月异的时代,踟蹰不前,悲叹什么'我老矣'!其实,只要不停地运用你的大脑,你的大脑就决不会衰竭,而你就永无老朽之悲。成功的诀窍就在于此。"

人生中总会遇到许多不幸和挫折,关键在于我们如何看待和采取什么样的行动。萨姆纳遇到了人生中最大的挫折——失去左臂,但是,他没有灰心和失望,而是全力追求自己的梦想,最后取得了成功。我们在遇到困难和挫折的时候不妨向萨姆纳学习。

# 96.为什么佩戴镀金戒指会引发皮肤过敏

由于真金首饰价格昂贵,所以许多爱漂亮的而又会"精打细算"的女性会选择佩戴比纯金首饰毫不逊色的镀金首饰。但问题也就随之而来了。一些人戴首饰的部位开始有红肿、痒痛等现象出现。这就是镀金首饰的弊病。镀金首饰一般是在黄铜（70％铜及 30％锌）上电镀一层金。当金直接被镀在黄铜上时，黄铜和金之间，便会发生金属扩散，内层的金属会渗出来，令金首饰看起来有一点点黑色。所以人们在镀金之前常常先要包上一层薄薄的镍。这样便可防止金属扩散，但同时也造成了皮肤过敏的现象。

现在，人们找到了一个既能防止金属扩散，又不会伤害人的皮肤的好朋友——钯（Pd）来代替镍。

# 97.银的特征

古时候，人们就知道用银碗盛牛奶等食物，可保存较长的时间不变质。因为银也会"溶解"于水。当食物同银碗接触以后，食物中的水就会使极微量的银变成银离子，银离子的杀菌能力相当强，每升水中只要有一千亿分之二克的银离子，就足以让细菌一命呜呼了。

银离子的杀菌功能，还可以用在消毒和外科救护方面。古埃及人就已经知道，用银片覆盖伤口大有疗效。后来又用银纱布来包扎伤口，用银治疗皮肤创伤和难治的溃疡，有的时候会收到很好效果。现在医学中，医生常用1％的 $AgNO_3$（硝酸银）溶液滴入新生儿的眼睛里，以防止新生儿患眼病。驰名中外的中医针灸最早使用的就是小小的银针。

银的化学性质很稳定，不会与氧气直接化合，银器表面发黑，一般是遇到硫化氢，生成黑色的硫化银的缘故。古时候的银器长期与空气接触，在空气中极微量的 $O_3$ 的作用下，也会失去光泽。银还有许多用处，它作为良导体可以制作导线，镀制镜、摄影等行业也十分需要。

# 98.早衰的原因

生活中常常可以见到有些人未老先衰的现象,未老先衰是由许多原因造成的,其中常摄入某些易催人早衰的物质是一个重要的原因。

腌制食品:腌制鱼、肉、菜等食物时,容易使加入的食盐转化成亚硝酸盐,它在体内酶的催化作用下,易与体内的各类物质作用生成亚胺类的致癌物质,人吃多了易患癌症,并促使人体早衰。

烟雾:当炉火、煤烟、香烟、灰尘中的有害气体,经呼吸道吸入肺部,渗透到血液中后,就会给人带来极大的危害,尤其是吸烟者将烟吸入肺部,尼古丁、焦油及一氧化碳等为胆固醇的沉积提供了条件,会造成动脉硬化,促人衰老。

水垢:茶具用久以后会产生水垢,如不及时清除干净,经常饮用会引起消化、神经、泌尿、造血、循环等系统的病变从而引起衰老。这是由于水垢中含有较多的有害金属元素,如镉、汞、砷、铝等造成的。科学家曾对使用过 98 天的热水瓶中的水垢进行分析,发现有害金属元素较多:镉为 0.34 毫克,汞为 0.44 毫克,砷为 0.2 毫克,铝为 0.012 毫克,这些有害金属对人体危害极大。

# 99.第三位小数的疑问

英国剑桥大学教授雷利对气体的密度特别感兴趣,从 1882 年开始,他陆续测定起各种气体的密度来。他做事历来十分严谨,一丝不苟,因此在测定每种气体的密度时,总是通过不同的途径取得这种气体,并且对其密度进行反复测量,以尽量减少误差。

气体的密度一个个被测了出来,但在测定氮气密度时,他遇到了一件令人费解的事。

他把空气通过烧得通红的装满铜屑的管子以除去氧气,然后又通过一只只"化学搜捕器"除去二氧化碳和水蒸气,最后得到了氮气。然后,在0℃、1个大气压的条件下,他一次又一次地测量所得氮气的密度,其结果皆为1.2 572克/升。

像对待其他气体一样,他又用另一种方法来分解氨气获得氮气,并测定所得氮气的密度,但其结果却是1.2 505克/升。

都是氮气的密度,为什么在小数点后第三位上却出现了差异?雷利双眉紧蹙,思索着产生这0.0 067克差异的原因。

"这种误差可能是某一步实验操作出现了疏忽造成的。"思索过后,他认真地检查了实验装置,并一遍又一遍地重复着实验,结果还是如此。

"也许是用分解氨气的方法制得的氮气里混有氢气,所以密度才小了一点。"为此,他又改用其他含氮物质,分别从笑气(一氧化二氮)、一氧化氮、尿素等物质中提取氮气,但测定结果仍然差那么一丁点儿。

这0.0 067克的差异把雷利折腾了两年,甚至弄得他彻夜难眠,但他一直不能忽略这微乎其微的差异,不愿使自己的判断有丝毫的草率。

终于,雷利在其他科学家的协助下揭开了其中的秘密,并完成了一个震惊科学界的重大发现!

当时,科学界认为空气里主要含有氮气和氧气,还有微量的二氧化碳和水蒸气。通过雷利对氮气密度的测定,科学家们推断空气里还有人们不知道的、含量不到1‰的新气体,从而使氩和其他惰性气体(现称稀有气体)一个个地被雷利和其他科学家发现了。这样,空气的组成之谜完全被揭开,一个新的元素家族——惰性气体元素就此闯入了人们的视野。

# 100.鲜蛋何以变皮蛋

皮蛋又叫松花蛋,是我国人民的一种传统美食。剥开它的蛋壳,呈现在眼前的蛋白中具有非同一般的颜色,更让人叫绝的是其中"生长"着的一朵朵漂亮的松花。

是谁的妙手"雕刻"出的美景呢?

原来这是人们在腌制过程中涂在蛋壳外面的灰料。灰料中主要有生石灰($CaO$)、纯碱($Na_2CO_3$)以及草木灰(主要成分 $K_2CO_3$)。当用水调制灰料时,其中的生石灰首先与水作用生成熟石灰:

$$CaO + H_2O == Ca(OH)_2$$

然后熟石灰又分别与纯碱及草木灰中的主要成分碳酸钾发生复分解反应,生成氢氧化钠和氢氧化钾:

$$Ca(OH)_2 + Na_2CO_3 == CaCO_3 \downarrow + 2NaOH$$

$$Ca(OH)_2 + K_2CO_3 == CaCO_3 \downarrow + 2KOH$$

氢氧化钠和氢氧化钾均为强碱,它们经蛋壳渗入鲜蛋后,与其发生一系列变化后,最终使鲜蛋变成皮蛋。

鸡蛋蛋白的化学成分是一种蛋白质。它在碱性物质的作用下,产生碱性的氨基和酸性的羧基,所以它既能与酸性的物质作用,又能与碱性的物质作用。于是渗入蛋壳的碱就会与它化合,生成金属盐。这种盐是不溶于蛋白的,只能以一定的几何形状结晶出来。那漂亮的松花,正是这类金属盐类的结晶体。

为什么松花蛋中的蛋白、蛋黄呈现非同寻常的颜色呢?这也是由化学元素反应造成的,蛋白质在分解成氨基酸的过程中,还会放出很臭的硫化氢气体。而蛋中含有许多矿物质,如钙、铁、锌、锰等,硫化氢能够与这些矿物质生成硫化物。这些硫化物使蛋变色。不过松花蛋闻起来比较臭但吃起来却很鲜美,因为松花蛋中有氨基酸,而氨基酸能够使食物尝起来更加鲜美,这就是松花蛋尝起来比普通腌蛋好吃的缘故。

# 101.意想不到的爆炸

到钢铁场去参观时,大家可以发现,盛铁水的铁水包和盛钢水的钢水包都进行过相当充分的干燥处理,不能让包里留下一滴水,否则,向包里注入炽热的铁水或钢水时,会发生猛烈的爆炸。

在 20 世纪初,英国的一家炼铁厂,就因类似的情况而发生过一次严重的事故。

那天,像往常一样,汗流浃背的工人们冒着高温,在高炉前紧张地工作着,眼看铁水就要出炉了,工人们做好了一切准备。不料,年久失修的熔铁炉炉底裂开了一条缝,铁水猛兽般地从裂缝中冲了出来。工人们还未来得及采取应急措失,温度高达 1 000℃的铁水已流了一地,并向炉旁的一条水沟流去。车间里的温度本来就够高的,铁水一流出来,温度高得根本无法忍受。还没等工人离开车间,只听得"轰"的一声巨响,车间的房顶被炸掉了,接着车间又燃起了大火。

巨响惊动了老板和厂里的技术人员,他们立即赶到现场,大火已把车间烧了个一塌糊涂,人们好不容易才把火扑灭了。

面对狼藉不堪的现场,人们感到很奇怪。车间里并没有易燃易爆的东西,怎么会发生如此强烈的爆炸呢?

原来,由于水沟里的水遇到 1 000 ℃的铁水时,会立即变成水蒸气,车间里的温度很高,所以生成的水蒸气的体积急剧膨胀,可引起爆炸。另外在高温下,铁跟水蒸气发生反应($3Fe + 4H_2O \xrightarrow{\text{高温}} Fe_3O_4 + 4H_2 \uparrow$)所生成的 $H_2$,在空气中遇火也会引起爆炸,以上两方面的原因结合起来,会使爆炸更加强烈。